ちくま新書

# 自衛隊海外派遣

加藤博章
Kato Hiroaki

1726

# 自衛隊海外派遣【目次】

# はじめに

## †自衛隊海外派遣とは何か

自衛隊海外派遣とは何か。実はこの疑問に対する答えが難しくなっている。以前であれば、一九八〇年一〇月二八日に出された稲葉誠一衆議院議員の質問主意書に対する答弁をもとにして答えればよかった。それによると、自衛隊海外派遣とは、武力行使の目的をもたないで部隊を他国へ派遣することだった。武力行使目的の部隊派遣を海外派兵とし、それと区別している。二〇一五年に成立した平和安全法制において、存立危機事態においては集団的自衛権を行使することが認められた。この本の執筆時点では、集団的自衛権は行使されていない。行使された際には、海外派兵となるのかもしれない。そうなったとき、自衛隊海外派遣という言葉がどうなるかはわからない。

武力行使以外、すなわち自衛隊海外派遣の定義の難しさに話を戻すと、その理由は自衛隊の任務が拡大しているためである。一九九一年四月のペルシャ湾掃海艇派遣以来、自衛隊は海外に派遣され、しかも任務の種類は増えている。国連平和維持活動（PKO）、災害に対する救援活動である国際緊急援助活動だけではなく、給油目的の艦船派遣、ソマリア沖での海賊対処など、自衛隊は数多くの任務をこなしてきた。

二〇二三年現在、自衛隊が部隊として派遣されているのは、ソマリア沖の海賊対処活動のみとなっている。しかし、これ以外にも自衛隊は海外に派遣されている。国際連合南スーダン派遣団（UNMISS）に派遣されていた部隊は撤退したが、司令部要員は残っている。そして、エジプトのシナイ半島におけるエジプト軍とイスラエル軍の停戦監視を任務とする多国籍軍監視団（MFO）にも司令部要員が派遣されている。

加えて、能力構築支援として、インド太平洋地域の軍隊等に対して自衛官が派遣され、その国の軍隊の能力向上に手を貸している。そして、単発的ではあるが、国際緊急援助活動や在留邦人保護のための活動なども行っている。一九九一年に始まって以来、任務が飛躍的に拡大しているのが自衛隊の海外における活動である。しかも、それは部隊派遣に限定されていない。海外派遣の多様性が定義を難しくしている原因といえよう。

一九九一年四月二六日に海上自衛隊の掃海部隊がペルシャ湾に派遣された。これが自衛隊海外派遣の始まりと言われている。しかし実は、自衛隊の海外における活動はこれが初めてというわけではない。一九六五年のマリアナ海域漁船集団遭難事件での災害救助や、一九七二年に本土復帰に備えて当時は米国の施政権下にあった沖縄への円輸送を海外派遣の始まりとすることもある。しかし、これらは特殊例であり、通常想定される自衛隊海外派遣とは異なるだろう。

自衛隊海外派遣とは、海外における活動のために自衛隊の部隊、もしくは自衛官を派遣することと、ここでは定義する。海上自衛官が幹部候補生学校卒業後に練習艦隊で行う遠洋航海や環太平洋合同演習など他国での訓練目的での派遣などは除外する。

## †どうして自衛隊は海外に派遣され、何をしてきたのか

これまで紹介してきたように、自衛隊の海外における活動にはさまざまなものがある。本書は自衛隊がどうして海外に派遣されるようになったのか、そしてこれまで何をしてきたのかを整理する。

一九九一年のペルシャ湾掃海艇派遣以降、自衛隊の任務が飛躍的に拡大した。しかし、どうして一九九一年まで自衛隊海外派遣は行われなかったのだろうか。憲法九条があるからというのはそれを説明するときによく使われる理由だ。だが、自衛隊海外派遣が行われるようになったとはいえ、憲法が変わったわけでも、解釈が変わったわけでもない。にも

かかわらず、なぜ一九九一年以前には自衛隊海外派遣が行われず、現在は行われているのか。それを知るためにも自衛隊海外派遣がどのように始まったかを確認する必要があろう。

自衛隊海外派遣の始まりと同様に重要なのが、その後どうなったのかという問題だ。先ほども紹介したように、自衛隊海外派遣が始まって以降、自衛隊の海外における任務は拡大し続けている。一体どのようにして、ここまでの変化が起こったのかを見ていく必要があろう。


ここからは本書の構成をもう少し詳しく見ていく。

第1章では、アジア・太平洋戦争終結後、日本が軍隊の海外活動を禁じるに至ったのかを論じる。自衛隊海外派遣が、一九九一年まで行われなかった理由の出発点となろう。

続く第2章では、軍隊の海外活動を禁止した後、日本が国際社会にどのような協力をしようとしたのかを論じる。軍隊の海外活動が禁止されたが、日本が経済復興を遂げ、経済大国の仲間入りを果たす中で、経済援助だけでなく、人的な貢献が必要との議論が出てきた。しかし、軍隊の海外活動は憲法上許されない。このジレンマを日本政府がどのように解消しようとしたのかを論じる。

第3章は湾岸危機、続く湾岸戦争と自衛隊海外派遣の開始を取り上げる。一九九〇年八月のクウェート侵攻によって始まった湾岸危機は、日本にとっても試練だった。同盟国である米国から支援を求められた。これに対して、経済援助だけでなく、人的な支援も検討するが、湾岸危機は湾岸戦争へと発展する可能性が高く、多国籍軍への支援は戦争協力ではないかとする議論もあった。こうした中で日本政府が何を選択したのか、そしてなぜ自衛隊初の海外派遣がペルシャ湾への掃海艇派遣になったのかを論じる。

第4章では湾岸戦争後の自衛隊海外派遣の拡大について論じる。ペルシャ湾掃海艇派遣の後、日本政府は自衛隊の海外における活動をPKOや国際緊急援助に拡大していく。冷戦終結後、地域紛争が頻発し、不安定化する国際情勢を受け、自衛隊はアジアだけでなく、アフリカにも派遣されるようになった。二〇〇一年に発生した同時多発テロは、米国との協力という観点から、自衛隊の海外における任務を拡大させるきっかけともなった。

第5章は米中対立下における自衛隊海外派遣の変容について論じる。自衛隊は海外における任務を拡大させていったが、国際情勢は変化し続けていた。台頭する中国とそれへの対応は、日本だけでなく、国際社会にとっても関心事となっていった。そうした中で、自衛隊の海外における活動がどのように変化したのかを論じる。

ここまで紹介してきたように、本書は自衛隊海外派遣がいかに始まり、そして何をしてきたのかを論じるものである。ここでは部隊派遣だけでなく、能力構築支援など、自衛官の活動についても紹介する。一九四五年からの長い物語になるが、日本が国際社会といかに向き合おうとしたのかを自衛隊海外派遣を通じて論じていく。そこから、日本が今後国際社会とどのように向き合うのか、答えとまでは言わなくても、読者の皆さんの一助となれば幸いである。

第 1 章

# 敗戦から国際貢献へ

警察予備隊の服装点検（1950年8月25日、写真提供=共同通信）

## †軍隊の解体と憲法九条

一九四五年九月二日、日本政府は東京湾上に浮かぶ戦艦ミズーリの艦上で、連合国への降伏文書に調印した。これ以降、日本は米国をはじめとする連合国の占領下に置かれ、連合国は日本の非軍事化と民主化を行うこととなる。

連合国は、日本を武装解除し、大日本帝国陸海軍は解体された。加えて、四六年一一月三日に公布された日本国憲法の第九条では、戦争の放棄と戦力の不保持が謳われた。

しばしば指摘されるように制定時点の憲法九条の解釈は限定されていなかった。当時は、国際連合を中心とした集団安全保障体制への期待が高い時代だった。国際連合は、国際連盟の経験を踏まえ、国連憲章第七章四一条で規定されている非軍事的手段による強制措置だけでなく、四二条では軍事的手段による強制措置が定められていた。第二次世界大戦を経て、強化された国連の集団安全保障体制が機能するであろうとされていたのが、日本国憲法が制定された時代だった。

実際、当時の首相だった吉田茂は一九四六年七月四日の憲法制定議会において、「(国連)憲章に依り、又国際連合に日本が独立国として加入致しました場合に於ては、一応此の憲章に依つて保護せられるもの、斯う私は解釈して居ります」と答弁していた。平和構築などを専門とする篠田英朗が指摘するように、憲法九条第一項の文言は一九二八年のパリ不戦条約の文言を焼き直したものであり、国際法の仕組みを前提としていた。

その後、冷戦が激化し、日本国憲法が前提としていた国連の集団安全保障体制が機能不全に陥り、日本は自衛権など、さまざまな問題が噴出する中で、憲法を状況に適応させていかざるを得なくなった。これは、今後の議論において何度も登場する論点であるが、いずれにせよその出発点が憲法の制定であることは自明と言えよう。

### †残された日本海軍

GHQによって、軍隊が解体され、憲法九条で戦力の不保持が謳われたとはいえ、旧軍の機能は一部残されることになる。例えば、戦争によって日本国外の土地に残された人々を日本に帰還させる復員業務と、日本の周辺海域に敷設された機雷を掃海する掃海業務である。中でも、機雷掃海は、日本の復興にとっても重要だった。アジア・太平洋戦争中、日本軍は、港湾防御や機雷堰(せき)建設による海上交通路防衛のために多数の機雷を敷設した。他方、米軍は、戦争末期に飢餓作戦(Operation Starvation)などの形で日本近海の海上交通を妨害するために、瀬戸内海など国内交通の要衝となる海域や東京港などの重要な港湾だけでなく至る所に機雷を敷設していた。

降伏文書の調印が行われた九月二日に連合国軍最高司令官総司令部（Supreme Commander for the Allied Powers: SCAP）が、指令第一号の第五号a項において、機雷除去を指令したことは機雷除去の重要性を表していよう。終戦時日本近海には、日本海軍が敷設した係維機雷五万五三四七個と米国海軍がＢ29および潜水艦によって敷設した感応機雷六五四六個が残っていた。特に戦争末期に米軍が敷設した音響機雷や磁気感応機雷といった処理が難しい機雷が含まれていた。音響機雷は船と音に反応し、磁気機雷は金属製の船が発する磁気に反応する。係維機雷は海底の係維器から係維索で水面下に敵の侵入を妨害するために使う。これらは専門技術がなければ処理できないものだった。そして、数も多く、米軍だけで実施することはできなかった。そこで、日本海軍の一部を残し、米軍の指示の下で掃海業務を続けることとなったのである。

掃海業務に従事した部隊は、組織を変えながらも人員を海軍から継承していた。掃海業務は海軍省廃止後に誕生した第二復員省の所管とされ、四八年五月の海上保安庁誕生とともに移管された。五二年四月二六日に海上保安庁内に海上警備隊が成立するが、八月一日の保安庁成立と同時に海上警備隊の業務が保安庁へと移管され、警備隊となった。掃海業務（航路啓開業務）も警備隊へと移管される。そして、五四年七月の防衛庁発足と同時に誕生した海上自衛隊に移された。その間、所属する組織は変わったが、掃海部隊の組織と人員はそのまま維持された。すなわち、海軍の一部を継承することに成功したのである。

掃海業務に従事した旧海軍軍人について、米国、特に日本周辺海域を管轄し、その海域の掃海を担っていた極東海軍は、専門技術を有するスタッフとして高く評価していた。そのため、極東海軍は、GHQ民生局と対立しながらも、彼らの所属組織は変わっても、引き続き掃海業務に従事させ続けた。そして、最終的には朝鮮戦争時の特別掃海隊へとつながるのである。

## †朝鮮戦争と再軍備問題

日本が非武装国家への歩みを続ける一方で、国際情勢に目を向けると冷戦が激化していた。第二次世界大戦末期から、米国や英国とソ連は、戦後処理をめぐって不協和音が生じていた。第二次世界大戦終結後もこの対立は続き、一九四八年には連合国の共同統治下にあったベルリン西側占領地区の通貨改革をきっかけにソ連が西側占領地区を封鎖し、米ソの対立は激化した。米ソ対立の激化によって、日本でも再軍備論が噴出するが、本格的な再軍備へと動くのは朝鮮戦争の勃発を待たねばならなかった。

一九五〇年六月二五日に勃発した朝鮮戦争において、日本はまだ米国の占領下にあり、韓国を支援することになる。米国は朝鮮戦争に介入する中、日本にも海上保安庁の掃海艇派遣を要請してきた。当時は占領下であり、日本側がこれを断ることはできなかった。他方、同時に憲法との関係や国内世論に配慮し、派遣は公にはされなかった。米国の占領下で日本に選択の余地はないとはいえ、終戦から時間も経っておらず、また数年前に発布された憲法によって戦争放棄と軍備不保持を謳っている中では、たとえ掃海任務であっても戦争協力を公にすることはできなかったのである。

朝鮮戦争の勃発は、日本の再軍備にも影響を与えた。日本に駐留していた米軍が朝鮮半島に移動したため、日本を防衛するための兵力が薄くなったのである。加えて、阪神教育事件に代表される大規模騒乱に対して、日本の警察力だけでは対処が難しかった。

米国、特に連合国軍総司令部参謀第二部（G－2）が警戒していたのが、日本の共産化だった。G－2は、日本共産党をはじめとする共産主義勢力が、大規模ストライキや暴動を通じて騒乱を引き起こす、と考えていたのである。G－2の懸念が現実になったのが、一九四八年四月に大阪と神戸で発生した大規模騒乱（阪神教育事件）であった。この事件は、朝鮮学校の閉鎖問題をきっかけにして、日本共産党と在日朝鮮人勢力が起こした暴動であった。この暴動は、日本の警察力だけでは対応ができず、連合国軍総司令部（GHQ）は戦後唯一の非常事態宣言を出し、米軍の介入によって暴動を鎮圧した。こうした事態を受け、米国は日本人治安部隊の必要性を認識することになる。冷戦が激化する中で、再軍備に向けた動きが起こったのである。

こうした状況に対応するために、既存の警察力の強化という目的から、一九五〇年八月一〇日、警察予備隊が発足した。当時、内閣を率いていた吉田茂は、本格的な再軍備を否定し、日本防衛は米国の武力に任せるという方針であった。

吉田は、警察予備隊の創設に当たって、戦前の陸軍との断絶を強く意識していた。一方、技術や人材等が戦前から継承されていたのが、海上警備隊であった。海上警備隊創設の中心となった保科善四郎（ほしなぜんしろう）元海軍中将らは再軍備に当たって、対米関係を重視し、米国海軍との緊密な連携を前提とした海上戦力建設を進めていた。後の海上自衛隊においても、米国海軍との緊密な関係は引き続き保たれることとなった。吉田は、戦後体制に適合した形での再軍備を目指したのである。このような吉田の考えと、それに基づく「軽武装、経済中心、日米安保」という方針は、吉田路線と称される。

こうして誕生した警察予備隊に対して、吉田は、国民の支持を集める必要があると考えていた。そのため、警察予備隊は発足当初から、災害発生時に部隊を派遣し、救援活動を行った。吉田は災害救援活動を行うことで、「自衛隊は国民のためになるもの、頼もしいものと思わせるようにしたい」と述べ、災害救援活動の意義を振り返っている。吉田は災害救援活動などを通じて、警察予備隊に対する国民の支持を集め、日本の防衛力として育成しようと考えたのである。

## †再軍備をめぐる対立

戦後体制に適合した形での再軍備を行おうとした吉田と異なり、鳩山一郎や岸信介らの吉田に対抗する勢力は、憲法の全面改正や自主防衛を掲げていた。一九五二年にサンフランシスコ講和条約の効力が発生し、日本は完全独立を達成した。しかし、講和条約と同時に結ばれた日米安全保障条約（旧安保条約）によって、日本国内に多数の米軍基地が残された。しかも、このとき結ばれた旧安保条約では、日本の防衛義務は明確なものとなってはいないという問題点を抱えていた。

同様に問題とされていたのが、いわゆる内乱条項である。これは、第一条において日本に対する武力侵攻に加え、日本国内で内乱が起こった際には米軍が援助を与えるとした。鳩山たちは、駐留を続ける米軍を撤退させるためには、自力で防衛可能な軍隊が必要と考えた。服部卓四郎（はっとりたくしろう）元陸軍大佐らのいわゆる「服部グループ」は自主防衛を唱える鳩山に共鳴し、彼らに接近していく。彼らは、日米安保に頼ることなく、自主防衛を行うことのできる国家こそが本物の国家と考えていた。

吉田に対して、鳩山らと異なる角度から反発していたのが、日本社会党などの左派勢力であった。彼らは戦後成立した憲法を維持し続けることが、日本にとって望ましいと考えていた。彼らの考えは、憲法を維持するという意味では吉田と同様に見える。しかし彼らは、日米安保や自衛隊は憲法違反と考えており、認めていなかった。彼らは、鳩山らの自主防衛を求める動きを見て、自衛隊を戦前への復古の象徴とみなすようになったのである。

## †朝鮮戦争と国連軍をめぐる問題

朝鮮戦争の勃発は日本に新たな議論を巻き起こすことになった。果たして、日本国憲法下で国連軍に参加できるのかという問題である。朝鮮戦争勃発当時、日本国内には国際法学者を中心に、国連による集団安全保障体制に日本の安全を委ねるべきという意見があった。

例えば、一九五〇年に国際法学者で東京大学教授の横田喜三郎（きさぶろう）は『朝鮮問題と日本の将来』において、独立回復後の日本の安全は国連の安全保障に頼るべきであるとの論陣を張り、日本の国連協力の必要性を主張していた。しかし、横田は日本の国連協力として、兵力の協力は否定し、軍隊、兵器、弾薬、食糧等の輸送、経済的な物資の供給、国連軍への基地提供を行うべきだとしていた。

後年、横田の議論は、小沢一郎が唱える国連への兵力提供や安倍政権の積極的平和主義といった議論との関連性に話が及ぶことがある。たしかに横田が憲法前文を念頭に、積極的に国際社会に貢献すべきと考えていた。しかし、兵力提供の否定など、小沢の議論や積極的平和主義とは異なる部分もある。いずれにせよ、当時は国連の集団安全保障体制への期待が大きかったために出てきた議論といえる。

一方で、国会においては憲法解釈をめぐって議論が展開されていた。一九五四年二月六日の衆議院外務委員会において、改進党の並木芳雄（よしお）議員と下田武三（たけぞう）外務省条約局長の間で議論がなされた。並木は「政府の解釈によって戦力に至らざるものが、たとえば朝鮮の動乱のような場合に、警察権の、警察行為として国連協力の線で出動した場合に、これは憲法違反にならないわけだが、その点はどうか」と政府の見解を問うた。

これに対し、下田条約局長は①朝鮮における国連の行動は国際法に照らせば警察行動ではなく戦争と見るべきであり、交戦権をフルに行使する敵対行動が行われていると見るのが正しい、②したがって日本は憲法が交戦権を禁止している以上、これに参加することは不可能、と答弁した。下田は、憲法九条二項を根拠として、朝鮮国連軍への自衛隊の参加は憲法に違反するとの見解を明確に示した。

三月二七日の衆議院外務委員会では、朝鮮国連軍を想定し、後方支援の可否について議論された。下田条約局長は「明確に交戦権を行使している国際的な部軍の後方で、やはり日本も交戦権を行使しなければできないような勤務であれば、これは私はできないだろうと思う」と答弁した。これに対して、社会党の穂積七郎(ほづみしちろう)は「後方勤務であるから交戦権の行使にならぬというようなものではない」とした。これに対して、下田は「交戦権を持たなくても、輸送の面、あるいは現在やっているように日本を後方の給与基地、補給基地に利用させることは、なし得る」と反論した。

下田条約局長は一部の「後方勤務」を除き、朝鮮戦争型の国連軍への自衛隊の参加は許されないとの憲法解釈を示している。しかし、政治学者の阪口規純(きよし)によれば、この見解は当時の政府の確定した解釈であったかどうかは明確ではないとしている。三月一五日の衆議院外務委員会において佐藤達夫法制局長官は並木議員の「自衛のためでなく、制裁あるいは警察行為としてのためならば、これは国際紛争を解決する手段でないから、やはり武力の行使あるいは武力による威嚇はできるか」という質問に対し「学説もいろいろあるということは知っている。しかし現実の問題として考えたことはないから明快な答えはできない」との答弁を行っている。ここでいう学説とは、横田喜三郎の見解を指すとみられる。この時点では、内閣法制局の憲法解釈は確定していないとの見解もある。

いずれにせよ、朝鮮戦争は、漠然と考えられていた国連による集団安全保障体制に日本がいかに協力すべきかを具体的に検討する機会を与えた。しかし、国連による安全保障は、冷戦という現実の中で機能不全へと陥っていく。具体的な協力について再度議論されるのは湾岸戦争まで待たねばならなかった。

### †海外派兵禁止決議

吉田政権において、再軍備問題と同時に懸案となっていたのが日米相互安全保障援助協定(MSA協定)をめぐる問題だった。吉田政権は、一九五一年一〇月に米国で成立した相互安全保障法に基づき、米国から日本が軍事援助を受けることを考えていた。一九五三年五月にジョン・フォスター・ダレス国務長官は日本にMSA援助を行うことを示しており、日米は、MSAを日本が受け入れることで一致していた。こうした状況を踏まえて、一九五四年の第一九回国会においては、自衛隊発足に伴う自衛隊法と防衛庁設置法(防衛二法)とMSA協定が議論された。そして、このときの国会論戦の中で、自衛隊の海外出動が議論されたのである。この議論において、海外派兵が許されるのかどうか、そして、海外派兵とは一体何かという議論が展開された。これは、自衛隊海外派遣をめぐる議論に大きな影響を与えた。すなわち、ここで打ち出された憲法解釈が、その後の自衛隊の海外における活動を制約し続けることになったのである。

自衛隊発足に伴い、自衛隊の海外出動に危惧を示したのが社会党をはじめとする野党であった。社会党の下川儀太郎衆議院議員は、日本が参戦の義務を負わされ、共同防衛の名のもとに海外派兵を受諾せざるを得なくなると懸念を示した。

吉田内閣は海外派兵を否定したが、海外派兵は、憲法九条に抵触するとの見解を示していた。具体的な根拠を示したのが、二月六日の衆議院外務委員会において、政府委員として答弁した下田武三外務省条約局長であった。彼は「海外派兵というような、交戦権を認めないという憲法の規定に抵触するような義務」と述べ、海外派兵禁止の法的根拠を交戦権を否認する憲法九条とした。

三月一三日の衆議院外務委員会においては、高辻正己内閣法制局第一部長が、憲法九条二項によって交戦権が否定されているために、海外派兵は禁止されているとの見解を明らかにした。

他方、高辻は、国連制裁による軍事力の行使については判断を保留している。彼は答弁の中で、「一種の制裁的なもの」については残るとしていた。ここで言う「制裁的なもの」とは、国連による制裁を指している。当時、日本は国連に未加盟であったため、政府としても特定の見解を持っていなかったのである。

このときの議論においては、「海外派兵」事態の定義もなされた。三月一五日の衆議院外務委員会において、高辻内閣法制局第一部長は「海外派兵というのはただ派兵するわけでなくて、その派兵された領域において戦闘をする」行為であると述べ、海外派兵は戦闘行為を含むものであると定義した。すなわち、海外派兵とは派兵された場所において、戦闘行為を行うことであり、憲法九条二項において交戦権が認められていないため、日本は海外派兵を行うことはできないとの結論が出されたのである。

戦闘行為を行うことを目的とした海外出動は否定されたが、戦闘行為を目的としない場合であれば、海外出動は合憲であるとの解釈が示された。四月一六日の衆議院内閣・外務合同委員会において、佐藤達夫内閣法制局長官は理論上の可能性に止まると念を押した上で、交戦権に触れない平和的な仕事の場合であれば、理論上可能であると結論付けた。

こうした議論を経て、六月二日に参議院で海外派兵禁止決議が採択された。海外派兵禁止決議は、自衛隊の海外における活動に対して、制限をかけることが目的であった。そして、この決議とこのときに出された憲法解釈が、その後の自衛隊海外派遣に対する制約として、機能することになったのである。

他方、この決議は「集団的自衛権」や「自衛権」に触れてはいなかった。当時、まだ敗戦の記憶が生々しく残っており、日本が戦前のように海外で武力を行使してはならないという意識が国民にはあった。とはいえ将来的な可能性を残すためにも、集団的自衛権と海外出動は別次元のものとしたのである。

海外派兵禁止決議が採択された翌月の一九五四年七月一日に自衛隊は発足した。しかし、これまで述べてきたように、自衛隊に対しては左派勢力を中心として警戒心が強かった。一方、吉田茂は自衛隊に対する国民の警戒心を緩めるために、災害時に自衛隊が活動することによって、自衛隊への国民の支持を得るようにしたいと考えた。実際、自衛隊創設後、自衛隊は数々の災害に派遣された。

自衛隊が災害時に派遣される一方で、自衛隊に対する警戒は引き続き残っていた。創設当時、自衛隊の活動の中で特に警戒されていたのが、自衛隊海外派兵であった。これまでみてきたように、自衛隊創設時から自衛隊海外派兵は否定された。とはいえ、海外派兵が議論の俎上に載らなかったというわけではない。海外派兵禁止決議が出た翌年の五五年には、早くも海外派兵をめぐる問題が起こったのである。

### †鳩山政権の安保改定交渉

一九五四年一二月一〇日に、鳩山一郎が政権の座に就き、日米安保条約の改定問題に取り組むこととなった。鳩山政権において、重要な問題であったのが日米安保条約の改定問題であった。旧安保条約は、米軍の駐留を認め、内乱条項などで問題があった。そのため、鳩山政権において、旧安保条約を見直すことが課題となっていた。そして、この問題において、日本の海外派兵が議論された。

重光葵外務大臣は、一九五五年八月二九日から三一日にかけて行われたダレス国務長官との会談において、旧日米安全保障条約をさらに相互性の高いものに改定させるという提案を行った。

旧安保条約では、日本の防衛義務が明確になっておらず、日本国内で内乱が起こった際には米軍が援助を与えるとする内乱条項の問題があった。重光はこの点について、在日米軍の撤退を促すために、日米が相互防衛の義務を持つという形で条約の相互性を高める改定を提案した。重光は、相互条約を締結することができれば、在日米軍を撤退させることができると考えた。

重光は、旧日米安全保障条約を相互防衛条約に改定するという提案を行ったが、その提案は、自衛隊の海外派兵をも含んでいた。重光は有事の際に日本は国会の承認を得て日本本土と沖縄、小笠原、グアム等を防衛し、朝鮮、台湾、フィリピンについては、防衛する義務を負わないとする条約案を示した。重光の提案は、米国が攻撃を受けた際に、グアムや当時米国占領下にあった沖縄、そして小笠原防衛のために自衛隊が出動する、すなわち自衛隊の海外派兵に言及していた。

重光の提案に対して、ダレスは冷淡な反応を示した。ダレスが「米国がもし攻撃された場合、日本は米国を助けるために海外派兵ができるのか」と尋ねた際、重光は「日本がそうすることは可能である」と応えた。ダレスは「重光の日本国憲法に対する解釈はわからない」と述べ、重光の見解に疑義を示すとともに、安保条約改定に否定的な態度を示した。

米国は、日本からの米軍の全面撤退という重光の改定案に乗り気ではなかった。日本における米軍基地は、日本防衛だけではなく、極東における米軍の作戦・兵站・修理基地として働き、有事においては、大陸の共産主義勢力に対する拠点として使われることが想定されていた。日本から米軍が撤退する、もしくは日本における米軍基地の使用を制限されるということは、米国の冷戦戦略に大幅な変更を強いることになる。そのため、米国は重光の提案を拒絶したのである。

重光の提案は、一九五四年に出された海外派兵禁止決議や、鳩山政権発足直後の一九五四年一二月二二日にまとめられた「自衛隊は自国に対して武力攻撃が加えられた場合に国土を防衛する手段である」とする政府統一解釈に反していた。

自衛隊の海外派兵を可能とするためには、憲法改正が必要であったが、当時の政治状況は憲法改正が可能な状況ではなかった。一九五五年二月に行われた総選挙において、鳩山の日本民主党が一二四議席から一八五議席へと躍進し、自由党が一八〇議席から一一二議席に減少した。一見すると鳩山の勝利に見えるが、左派社会党が七二議席から八九議席に、右派社会党は六六議席から六七議席に勢力を増加させた。憲法改正という観点からは、改正に反対を表明している左右両派社会党が勢力を伸ばしていた。そのため、憲法改正をすぐにできるような状況ではなかったのである。

重光は米軍撤退に対して、相応の交換条件が必要と考えていた。この点で重光の目論見は間違ってはいなかった。しかし、重光構想は、日本が米国防衛のために海外派兵をする可能性を含んでおり、実現は難しかった。

重光の構想に対して、米国は、鳩山政権でこの構想を実現することは難しいと考えていた。日本国憲法では、自衛隊の海外派兵を禁止し、「海外派兵禁止決議」が出されて間もない状況では、自衛隊が米国を助けるために海外派兵を行うことは難しかった。しかも、鳩山政権の政権基盤が磐石ではなかった。そのため、米国は、鳩山政権では安保条約改定を実現できないと考えていたのである。

このときの会談で、重光の改定提案はダレスに否定され、日米安保改定は実現しなかったが、この会談において重光がダレスに海外派兵を約束したか否かをめぐり、国内で議論が生じた。重光も会談直後のニューヨークで「安保改定と引き換えに海外派兵を約束したことはない」と釈明を行った。しかし、重光が憲法上海外派兵は許されると発言したことをめぐって、鳩山政権の内部からも懸念が示された。例えば、砂田(すなだ)重政(しげまさ)防衛庁長官は「海外派兵は明らかに憲法に違反する」と述べ、高碕達之助（たかさきたつのすけ）経済企画庁長官は「日本の現状を知っているものにとっては、夢のような話だ」と言明し、重光の発言に危惧を表明した。

鳩山政権下の安保改定交渉は条約改定が実現せず、自衛隊の海外派兵の可能性が議論されたということだけでも大きな問題となった。具体的な成果があるかどうかにかかわらず、海外派兵を議論したという事実自体が政治問題となってしまったのである。国民の海外派兵に対する警戒心がいまだに根強かったということが指摘できよう。

鳩山政権以降、自衛隊海外派兵の議論は凍結され、議論の中心は武力行使を含まない自衛隊海外派遣に移った。そして、この問題は鳩山政権の後に政権の座に就いた岸信介の下で再び議論されることになる。

**†レバノン派遣問題**

一九五八年六月一二日、新たに首相の座に就いた岸信介は安保条約の改定に取り組むが、期せずして、国連ＰＫＯ派遣問題が議論となった。国際連合レバノン監視団（United Nations Observation Group in Lebanon: ＵＮＯＧＩＬ）への要員派遣問題である。ＵＮＯＧＩＬは、レバノンの政情不安から、日本が提案国となり、国連において強化が決定された国連平和維持活動だった。ＵＮＯＧＩＬ強化が決定されると、提案国の日本にも要員の派遣が要請された。

国連の要請に対して消極的だったのが、岸や藤山愛一郎（あいいちろう）外相だった。岸は、「戦争を嫌悪すること顕著なる」国内世論を刺激することを極度に恐れていた。七月三〇日に政府・与党連絡会議でこの問題が検討された際、自衛隊海外派遣問題を取り上げることで、「自衛隊海外派遣の糸口をつくるものではないかとの議論を呼ぶ恐れがあり、国内政治情勢や国民世論への影響を考える必要がある」という意見が大勢を占め、日本政府は自衛隊派遣要請を拒否した。

岸の危惧とは異なり、国内世論はＵＮＯＧＩＬへの自衛隊参加に対して支持を示す動きもあった。国際法学者の入江啓四郎や国際政治学者の坂本義和は、ＵＮＯＧＩＬへの自衛隊派遣を肯定的に評価した。また、読売新聞だけでなく、朝日新聞や毎日新聞などもＵＮＯＧＩＬ参加を支持した。彼らがＵＮＯＧＩＬへの自衛隊参加を支持した理由はＵＮＯＧＩＬが非武装の停戦監視団であること、ＵＮＯＧＩＬ発足に日本が大きな役割を果たしたためである。

世論はＵＮＯＧＩＬへの自衛隊派遣を支持したが、岸は自衛隊海外派遣を議論することで国内世論の反発を招き、国内政治状況に影響を与え、進展中の安保改定に支障をきたすことを恐れた。日本のＵＮＯＧＩＬ参加拒否以降、九二年にカンボジアＰＫＯという形で派遣が実現するまで、国連平和維持活動への参加問題は幾度も議論されたのである。

## †安保騒動

岸は日米安保条約の改定に取り組んでいた。鳩山政権下、安保条約の改定問題が議論されたが、改定を実現することができないまま、鳩山政権は倒れることとなった。そのため岸政権でも、日米安保改定問題は課題となっていた。岸は、鳩山政権下での交渉が実現しなかったのは、鳩山政権の政権基盤が磐石でなかったこと、そして鳩山と米国との関係がぎくしゃくしていたことが原因と考えていた。そのため、岸は安保条約改定に向けて、米国との交渉を注意深く進めた。それは重光の提案のときに問題となった自衛隊の海外派兵に対する姿勢にも表れている。鳩山政権下に重光は相互防衛条約を提案し、自衛隊の海外派兵が可能であると言明した。そして、そのことが国会において大きな問題となった。岸は、重光の轍を踏まないように、安保条約改定において、安保条約と国連の関係の明確化、在日米軍の配備に関する日米間の事前協議の導入、そして条約に期限を設けるという点を提案していた。

まず、安保条約と国連の関係の明確化とは、国連の権威下に米国の軍事行動を置くことにより、国内の安保条約批判をかわそうとするものだった。岸訪米後の九月一四日に日米両国は交換公文を交わし、安保条約が国際連合憲章における権利義務に影響を及ぼさないこと、国際紛争の平和的手段による解決を誓うとともに武力使用を慎むことを確認した。

次の事前協議制の導入とは、米軍基地の無制限な使用に対する世論の批判に対抗するものだった。当時、日本に核兵器持ち込みをしないという取り決めをすべきとの世論が生まれていた。そのため、事前協議を導入することにより、核兵器を日本に持ち込まないという保証が必要となったのである。共同声明において、政府間の委員会を設け、安保条約に関して生じた問題を検討することで合意した。

最後の条約期限の問題は、将来的に条約を改定する意思を明らかにする狙いがあった。岸は日本にとって不平等な義務の排除、そして負うべき義務の確定という二段階の改定を望んでいた。政治学者の坂元一哉（さかもとかずや）は、岸が期限として持ち出した五年間に対等な相互防衛条約を結ぶための実力をつけ、国内の体制を整える考えを持っていたのではないかと推測している。

岸の提案について、ダレスは、条約に期限をつけることは条約の修正にあたり、それには上院の三分の二の承認が必要となるために難しい。そのため、共同声明で対応することを提案した。その結果、共同声明において条約が暫定的なものであり、永続的なものではないことが確認された。

このように、岸は安保条約改定において、重光よりも限定的な提案を行った。岸が相互防衛条約を提案しないのは、重光の経験から学んだ結果であった。当時、米国の駐日大使であったダグラス・マッカーサー二世は、「岸が相互防衛条約を提案できないのは、現在の国内政治情勢だけでなく、より重要な理由として、米国から海外派兵を求められることを恐れているためであろう」と、ダレスに報告していた。実際、岸は「安保条約を双務的なものに改定するためには、憲法改正が必要」と考えていた。しかし、岸は同時に「憲法改正には手続きの問題があり、すぐに行うことはできない」と考えていた。そのため、岸は、憲法改正の必要のない範囲での改定を望んでいた。そのため、自衛隊の海外派兵については議論が行われなかったのである。

しかし、岸は現状に満足していたというわけではない。ゆくゆくは憲法改正を実現したいと考えていた。そのために必要だったのが安保条約の改定だった。日本の視点からすると不平等であり、占領下のような安保条約の改定を成し遂げれば、国民は岸を評価する。選挙でも大勝し、憲法改正手続きに必要な議席数を確保することができるだろう。そうなったときに憲法を改定すべきだ。これが岸の考えだった。

岸は、安保改定を憲法改正への布石と考えていた。ここで重光のように海外派兵をめぐる議論を巻き起こし、国民の反発を招くべきではない。日米安保条約を本格的な双務条約にするのは憲法改正後で構わないと考えていた。しかし、結局、憲法改正は実現せず、日米安保条約は双務条約とならなかった。

岸の努力も身を結び、米国との日米安全保障条約の改定交渉がようやく実現した。米国が日本との交渉に乗り出したのは、岸の努力だけが実った結果ではなかった。米国の姿勢変化の背景として、日本の中立化を懸念したことも指摘されている。しかし、交渉が実現したとはいえ、安保条約改定はスムーズに進まなかった。安保条約改定をめぐって、国内で大きな騒動が引き起こされたのである。

一九六〇年の安保騒動では、岸の姿勢に対して国会を取り囲むように大規模なデモが起こるなど、大きな騒動が巻き起こった。安保条約改定は旧安保における問題点を解消するものであり、日本の海外派兵への道を開くものではなかった。このとき問題となったのは、岸の政治姿勢であった。

岸は、戦前に革新官僚として、商工大臣等を歴任し、東条内閣の一翼を担っていた。そして、戦後も自主防衛や憲法改定を唱えており、岸自身は、戦前への回帰を望んでいると解釈されていた。こうしたなかで、安保条約改定が戦前への回帰の第一歩とみなされていたのである。憲法改正や自主防衛の確立に対する国民の強い反発が露わとなった。一九六〇年以降、保守派は吉田路線を認めざるを得なくなっていた。同時に吉田路線を取る人々も、防衛問題を政治的に扱うことに、慎重にならざるを得なくなったのである。

この間、日本は防衛力整備に注力し、米国との間での防衛協力の論議はほとんど進まなかった。日米防衛協力が進展するには、一九七八年の日米防衛協力の指針（ガイドライン）まで待たなくてはならなかった。

第 2 章

# 前史——自衛隊以外の人的貢献

ハガティ米大統領新聞係秘書を乗せた米軍ヘリコプターを取り囲むデモ隊
(1960年6月10日、写真提供=共同通信)

## †池田政権と安保騒動後の国内情勢

一九六〇年の安保騒乱と、その後の岸信介の退陣後、新たに政権の座を引き継いだのが、池田勇人(はやと)だった。安保騒動の余韻の残る中で、政権の座に就いた池田にとって、安保騒動がもたらした影響に対処することが重要な課題であった。

安保改定に反対するデモは、大きくなっていた。一九六〇年六月一〇日には、ドワイト・D・アイゼンハワー大統領訪日の協議のために来日したジェイムズ・ハガティ大統領報道官が、デモ隊に囲まれて動けなくなり、米国海兵隊のヘリコプターによって救出されるという事件が起こった。いわゆるハガティ事件である。この事件を受け、アイゼンハワー大統領の訪日は中止された。デモを鎮圧できず、アメリカの高官が米軍によって救出されるという事態は、日本の治安維持能力に対する疑念を生じさせる結果となったのである。

安保騒動がもたらした第二の問題は、日本の中立化への懸念だった。安保騒動は、岸政権に対して、日本社会党や日本共産党などの革新勢力が安保改定に反対した結果生じたものだった。その結果、岸政権は安保改定と引き換えに、退陣を余儀なくされた。このことは米国にとって、日本における保守勢力の脆弱性を認識させ、日本の中立化への懸念を再認識させたのである。

こうした状況の中で、池田勇人が政権についた。池田は、安保騒動において、デモ隊の警察力による制圧を主張するなど、強硬姿勢を取っていた。しかし、自民党総裁に決まった直後の記者会見で打ち出したのは「忍耐と寛容」だった。内閣発足後、一九六〇年七月二二日の外国人記者に向けた会見では、安保条約の再改定を、九月一〇日の自民党新政策発表演説会においては、憲法改正について、それぞれ行わない旨を明言した。これまで見てきたように、池田は安保騒動において強硬姿勢を取っていたが、その池田でさえ低姿勢を取らねばならないほど、安保騒動以後の国内分裂は、深刻なものだったのである。

このような池田の姿勢が、吉田路線を定着させたと指摘されている。日本外交史を専門とする鈴木宏尚は、安保騒動を経て、「安保と憲法の問題を棚上げすることを選択せしめたという状況的・構造的な要因が大きかった」と指摘し、安保騒動後の状況が憲法と安保の問題を封じ込め、結果的に吉田路線を定着させたとしている。

## †青年海外協力隊の創設

安保騒動による国内分裂への対応とともに、日本の国際的な信用の回復は、池田政権にとって急務であった。こうした文脈で打ち出されたのが、青年海外協力隊構想である。

青年海外協力隊は、日本が国際社会への開発協力を示すという意味合いで打ち出された構想だった。一九六一年六月、池田は訪米し、ジョン・F・ケネディ大統領との首脳会談に臨んだ。この会談において、池田は、傷ついた対米関係を修復し、自由主義陣営の一員であることを示そうと考えていた。ここで出てきたのが東南アジアの経済開発だった。池田は会談で協力する意欲を表明した。そして、青年海外協力隊構想は東南アジアの経済開発への協力と関連付けられていたのである。

池田は、サージェント・シュライバー平和部隊長官から、一九六一年三月に発足したばかりの平和部隊の説明を受けた。その際、パキスタンや東南アジアにおいて、平和部隊と協力する可能性を表明した。

実は青年海外協力隊のような組織を創設する動きがなかったわけではない。一九五〇年代後半、末次一郎と寒河江善秋といった青年教育や青年団体の指導者が中心になり、青年の海外派遣構想を実現しようとしていた。当時は、農村の次男、三男の失業問題や都市部では青少年犯罪が増加しており、青年問題の解決が急務となっていた。これらの問題の解決のために青年育成の必要性が議論されていた。この活動が青年の海外派遣構想と結びつく。すなわち、青年を海外に送り出し、海外での協力活動を通じて、視野を広げさせるのが狙いだった。

他方、自民党においても、竹下登、宇野宗佑、坂田道太、そして海部俊樹等の若手議員が、青年団体の動きやケネディの平和部隊構想に触発され、日本版平和部隊構想を打ち出していた。

一九六三年一一月の総選挙で、池田は日本版平和部隊の創設を打ち出し、一九六四年一月の施政方針演説において、青年海外協力隊の創設を表明した。この後、青年海外協力隊をいかに運営するのか、そしていかなる目的の組織とするのかということについて、自民党内に「日本青年海外奉仕隊に関する特別委員会」が設置され、議論された。この委員会において、技術協力を重視する外務省と、国内青少年対策を打ち出したい自民党の間で論争が見られたが、両者の妥協の結果、青年海外協力隊は技術協力と青少年対策の両方の目的を抱えることとなった。一九六五年一月、池田の後を継いだ佐藤栄作首相は施政方針演説で青年海外協力隊の派遣準備を発表し、海外技術協力事業団（後の国際協力機構）に「日本青年海外協力隊準備事務局」を設けることとなった。そして、四月に青年海外協力隊事務局が発足し、一二月には隊員の派遣が実現したのである。

これまで見てきたように、池田政権は、安保騒動の結果傷ついた国際的な信用、特に米国との間で生じた不信を解消するために、自由主義陣営の一員として振舞うことを重視した。その中で打ち出されたのが、東南アジアにおける経済協力であり、技術協力の実現だった。池田政権の対米政策と日本独自の青年海外派遣構想が結びついた結果、青年海外協力隊が実現したのである。

池田は、政権発足から安保騒動によって生じた国内の分裂と、国際的な信用を回復させることを目指していた。当面、青年海外協力隊は、国内の分裂を解消するために、また安保騒動によって傷ついた国際的な信用を回復させるために、自由主義の一員としての立場を強調し、日本としての支援を行う中で、形作られたものであった。

### †ベトナム戦争とアジア秩序の変容

一九六四年八月のトンキン湾事件をきっかけとしたベトナム戦争の勃発によって、米国の同盟政策に変化が生じた。ベトナム戦争により、米国経済は疲弊し、米国はそれまでの同盟政策を転換させる必要に迫られていた。こうした中で打ち出されたのがグアム・ドクトリンだったのである。

米国のグアム・ドクトリンはそれまでの同盟政策を見直し、同盟国に一層の役割分担を求めるもので、一九六九年七月にグアム島でリチャード・ニクソン大統領が記者会見して発表された。グアム・ドクトリンは、①米国はすべての条約上のコミットメントは維持する、②同盟国が核による脅威を加えられた場合には核の傘を提供する、③その他の脅威の場合には要請があれば適切な軍事的、経済的援助を与えるが、一義的には自ら対処することを期待する、というものだった。この原則はベトナムだけでなくその他の同盟国にも適用される旨を示していた。米国は日本をはじめとする同盟国に対して、役割分担をするように求めていたのである。

グアム・ドクトリンは同盟国に負担の分散を求めるものだったが、それは日本にも及んでいた。日本に対して米国が求めたのは、防衛力増強や在日米軍基地の共同使用だった。米国が日本に期待したのは、米軍の日本における兵力削減により生じた空白の穴埋めであり、依然として、米国は日本に自衛隊の海外派兵は求めなかった。しかし、米国の方針転換は日本の防衛政策見直しを求めるものだった。

## †日本の安全保障観の変化

日本で、防衛政策の見直しを掲げたものとしては、中曽根構想を挙げることができる。これは当時防衛庁長官だった中曽根康弘(なかそねやすひろ)が、一九五七年に策定された「国防の基本方針」に代わる新しい防衛政策の基本的な理念を打ち立てようとしたものである。中曽根の方向性が示されたのがいわゆる「自主防衛五原則」だった。これは①憲法を守り、国土防衛に徹する、②外交と防衛の一体、諸国策との調和を保つ、③文民統制を全うする、④非核三原則を維持する、⑤日米安全保障体制をもって補充する、という内容であり、日本が主体であり、日米安保はあくまでも補完に過ぎないとの考えを示していた。

中曽根構想は結局、実現しなかった。中曽根構想は第四次防衛力整備計画（以下四次防）案に盛り込まれたが、四次防案で必要とされた予算規模は第三次防衛力整備計画案のほぼ二倍にあたる約五兆二〇〇〇億円にも上り、大蔵省だけでなく、国内世論の反発を招いた。また、「国防の基本方針」の見直しも進まなかった。中曽根が一九七一年七月に退任し、四次防は五〇〇〇億円縮減した四兆七〇〇〇億円となり、「国防の基本方針」に則った内容となった。中曽根構想は実現せずに終わってしまった。

中曽根構想について、日本外交を専門とする中島琢磨は「米国の対日政策から逸脱しない形で日本の防衛力増強を推し進めようと試みていた」と結論付けている。中島が指摘するように、中曽根は自主防衛論を唱え、日米安全保障体制に対する日本の依存を批判していた。しかし、中曽根構想は、当時進展していた沖縄返還やグアム・ドクトリンといった日米安全保障関係の枠組みを無視することはできなかった。そのため、中曽根は、「米国が支持する範囲内での安全保障上の日米の役割分担という観点から自主防衛論および安全保障構想を位置づけなおし、実際には、政府・与党関係者や米国側当局者との協議の場では、現行の日米安全保障体制の継続を意識して行動していた」と言えよう。

中曽根構想の後、自主防衛論は、日米安保体制への批判ではなく、日米安全保障体制を前提としながら、日本がいかに役割分担を示すのかという議論へと変質していく。日本の防衛政策の見直しは、こうした文脈の中で引き続き続けられたのである。

## †戦後処理から新たな外交課題へ

戦後処理の課題の一つと考えられていたのが、沖縄返還問題だった。沖縄はサンフランシスコ講和条約により、米国施政下に置かれていたが、一九七二年五月一五日に日本に返還された。沖縄返還は、サンフランシスコ講和条約が残した戦後処理課題の一つであったのである。

沖縄返還において、自衛隊も活用された。沖縄返還とともに必要となる円紙幣を沖縄に輸送し、代わりに沖縄にあるドル紙幣を本土に輸送する際、自衛隊の輸送艦を使用した。当初は、沖縄の反自衛隊感情に配慮し、海上保安庁の巡視船や飛行機の使用が検討された。沖縄は、アジア・太平洋戦争において大規模な地上戦が展開された場所であり、旧軍への反感が強い地域でもあった。そのため、政策決定者は、沖縄県民の感情を刺激する恐れのある自衛隊の活用を憂慮したのである。

結局、巡視船の輸送力に問題があることから、海上自衛隊の輸送艦を使用することとなった。通貨輸送に関する自衛隊活用をめぐる問題は、国内においてすら、自衛隊に対する反発を警戒せねばならない情勢であったことを示している。

沖縄返還と並んで残されていた戦後処理課題が日本と中華人民共和国との国交問題だった。日本は台湾の中華民国を承認していたが、大陸側の中華人民共和国との国交は結ばれておらず、米国と中華人民共和国は冷戦の中で対立を深めていた。一九七二年二月二一日にニクソン大統領が中国を訪問し、二八日に米中共同コミュニケ（上海コミュニケ）が発表され、米中関係に変化が訪れた。米中関係の改善を受け、日本も九月二五日に田中首相が北京を訪れ、二九日には日中共同声明が出され、日中国交正常化が実現した。

日本が新たな国際問題への対応を迫られた背景として、日本の経済大国化を指摘することができよう。経済面に目を向けると、このとき、日本は高度経済成長を経て、経済大国としての地位を確立していた。そして、日本経済の世界貿易に占める位置も大きくなっており、こうした国際危機が日本経済に与える影響も大きかったのである。一九八〇年の通商白書によると、一九七三年以降、日本の世界貿易におけるシェアは米国、西ドイツに次いで第三位を占め、概ね六％を維持していた。日本が貿易大国となっていくにつれて、国際経済のリーダーシップが求められるようになっていた。こうした現状を受け、通商白書では「経済大国、貿易大国となった今、日本はその地位にふさわしい行動を要請されている。発展途上国からは積極的援助を、先進国からは協調だけでなく国際経済社会におけるリーダーシップを要請されており、国際経済社会の健全な発展のために積極的役割を果たすことが日本の責務となってきている」として、日本が国際協力に積極的になるように促している。

### †総合安全保障構想

ベトナム戦争による国際情勢の変化と、日本の戦後処理解決、インドシナ難民問題や石油ショックといった新たな国際問題の発生、そして日本の経済大国化という情勢の変化に伴い、日本は新たな外交理念を打ち出す必要に迫られていた。こうした中で、打ち出されたのが総合安全保障戦略だったのである。

総合安全保障戦略は、大平正芳（おおひらまさよし）首相の下で打ち出された戦略だが、大平の総合安全保障戦略を検討する前に、総合安全保障概念がいかに日本に受け入れられたのかを見ていく必要があろう。

日本における総合安全保障概念は、一九五七年の「国防の基本方針」から始まっていたとする見方がある。日本は、経済力を国家存立の基盤とする通商国家であるため、弱い軍事力を、非軍事的手段で埋め合わせることにより、国家の安全保障を確立するというものである。

七〇年代に入り、石油危機に伴い資源・エネルギー確保に対する危機感が政治に現れるようになると、日本における総合安全保障をめぐる議論が活発化するようになった。奥宮（おくみや）正武（まさたけ）元空将が、総合安全保障を体系的に提起した後、一九七七年一二月に出された『国際環境の変化と日本の対応』という野村総合研究所の報告書をきっかけとして、総合安全保障という概念についての議論が活発化した。総合安全保障が日本国内で議論される中で、自民党は党の公約として、経済安全保障を含む安全保障という総合安全保障基盤の整備を行うことを掲げた。こうして、総合安全保障は政策課題として位置づけられるようになったのである。

一九七八年一一月の総裁選に出馬した候補者全員（福田赳夫、中曽根康弘、河本敏夫、大平正芳）は、総合安全保障を取り上げた。ここで、彼らの総合安全保障に対する見解を整理する。

福田は、総合安全保障の範囲を、従来の防衛問題だけでなく、災害や食糧問題等にまで広げるものと捉えていた。「私が、我が国の国土を保全し、国民生活を守るため、総合的な安全保障政策を早急に確立したいと考えております。国の安全保障は防衛問題にとどまらず、資源・エネルギー、食糧等の安定的確保はもとより、大規模災害に備える緊急対策、救急医療、新しい通信・探査システムの開発、大都市の防災性の向上など社会的安全の分野まで含め、これまで個別に考えられていたものを、今後は総合的安全保障の見地から考えてゆく方針です」と述べ、防衛問題のみならず、資源・エネルギー、食糧問題や大規模災害等の社会的安全の分野まで含めた総合的安全保障の見地から、日本の安全を考えていく必要性を述べた。福田は、総合安全保障をあくまでも守る範囲を広げるという観点で語っていたのである。中曽根は、五月に東京大学の五月祭で行った講演において、「国の安全保障は、まず国民の合意と意欲が基本となり、外交努力や経済協力や世界の世論工作や資源政策その外の総合的な組み合わせで成り立つものである」としており、福田と同様の捉え方をしていたと言えよう。

他方、大平にとっての総合安全保障は、それ自体が安全保障の手段だった。大平は、総合安全保障について、「現在の集団安全保障体制——日米安保条約と節度ある質の高い自衛力の組み合わせ——を堅持しつつ、これを補完するものとして、経済・教育・文化等各般にわたる内政の充実を図るとともに、経済協力、文化外交等必要な外交努力を強化して、総合的に我が国の安全を図ろうとするものである」と述べた。大平は、総合安全保障を安全保障の手段の一部と捉えたのである。河本敏夫（こうもととしお）も「国家存立の基盤である平和維持のための条件を築き上げていくことは、単に軍事面だけでなく、平和のための外交を推進するとともに国民生活の充実をはかる等、外交、内政にわたる総合的安全保障の条件を充実させることが必要である」と発言しており、大平と同様の見解を持っていたと言えよう。

このように総裁選において、各候補は総合安全保障をそれぞれ異なる形で捉えていた。福田や中曽根は、総合安全保障を安全保障の範囲を広げるものとし、大平や河本は文化外交や経済外交により日本の安全保障を図るとして、安全保障の手段として見ていた。

それぞれの総合安全保障に対する考え方に違いが存在した。しかしながら、既存の安全保障の範囲を広げるという意味で、各候補の捉え方は細部に違いはあったものの、本質的には共通していたと言えよう。

大平は、総裁選に勝利し、一九七八年一二月七日に総理に就任したことにより、総合安全保障構想は大平の下で構築されることになった。大平は、一九七九年一月二五日に衆議院本会議で行った施政方針演説において、「日本の平和と安全を確保することは政治の最大の責務であり、そのためには節度ある自衛力とこれを補完する日米安全保障条約とからなる安全保障体制を堅持することが必要であります」と述べ、現状の日米安全保障体制を維持することを確認した。それに加えて、「しかし、真の安全保障は、防衛力だけで足りとするものではありません。世界の現実に対する冷厳な認識に立って、内政全般の秩序正しい活力ある展開を図る一方、平和な国際環境を作り上げるための積極的な外交努力が不可欠であることは申すまでもありません」と述べ、積極的な外交を展開するとした。大平のこの発言は後に総合安全保障として知られる構想へと結実することとなる。

政権発足直後、大平は、総合安全保障戦略の具体化に向けて動き出した。四月二日に猪木正道平和・安全保障研究所理事長を議長、飯田経夫名古屋大学教授、高坂正堯京都大学教授を幹事とし、「総合安全保障研究グループ」を発足させた。研究会の内容や運営について、大平は一切口を出さなかった。研究会における討議を踏まえ、翌年七月二日に報告書が提出された。

当時の総合安全保障概念を知るためにも、ここで報告書の内容を概観する必要があろう。報告書はまず、安全保障の定義を行うことから始めた。報告書は、安全保障を「国民生活をさまざまな脅威から守ること」とする。その上で「国際環境を好ましいものとする、脅威に対しての自助、そして理念や利益を同じくする諸国家との連帯という三つのレベルから構成され、これらは、狭義の安全保障と経済安全保障についても妥当する」としている。そして、「安全保障問題は、以上の意味のみならず、対象領域と手段の多様性という意味でも、総合的性格を持つものである」として、安全保障を総合的なものだとしている。報告書においては、安全保障の対象領域と手段の多様性についての総合的な性格を指摘したのである。

ここで、先述の一九七八年に行われた総裁選における各候補の総合安全保障についての認識と比較してみる。安全保障の範囲を広げるものという意味で、総合安全保障に言及した福田と中曽根に対して、大平や河本は、安全保障を達成する手段として、文化外交や経済外交を位置付けた。これらの見解と、総合安全保障戦略の報告書を比べると、各候補の見解全てを内包したのがこの報告書だったということができる。すなわち、この報告書は、安全保障の対象と手段の双方に関して、総合的と位置付けており、その点において差異を認めていなかったと言えよう。

報告書において、このような安全保障に対する捉え方を示した上で、当時の国際情勢認識が示された。当時の国際環境が米国による平和から各国が責任分担を行う時代へと変化を遂げており、日本は自由主義陣営の一員としてシステムの維持・運営に貢献する必要が生じているとした。他方で日本の現状は国家（政府）自体が安全保障問題に取り組む体制をほとんど有していないとする。次に以上の状況を検討するために、日米関係、自衛力強化、対中・対ソ関係、エネルギー安全保障、食糧安全保障、そして大規模地震における危機管理体制という五つの課題を検討する。これらの検討を行った上で、危機管理体制の強化策として「国家安全保障会議」の設立を提言した。

総合安全保障戦略は、理念を打ち出したものの、具体的な施策の提言は国家安全保障会議設立に止まっていた。実際、研究会の討議においても、中心となったのは理念やビジョンだった。しかも、推進者であった大平自身が一九八〇年六月一二日に急逝してしまったために報告書を実現する試みはなされなかった。後継の鈴木善幸政権下で総合安全保障関係閣僚会議が設立されたものの、鈴木は、総合安全保障に対しては消極的な対応だった。総合安全保障が再び活性化するのは、鈴木の後継として中曽根が首相になるのを待たねばならなかったのである。このような限界を抱えていた総合安全保障戦略とはいえ、当時の日本の置かれていた状況を整理し、経済安全保障を含めた広範な安全保障戦略を打ち出したことは画期的であったと言えよう。

### †インドシナ難民

国際情勢に変化が訪れる中で、日本においても、国際社会の一員として、積極的な対応を取らなくてはならないとする意見が出されるようになった。そのきっかけとなったのが、インドシナ難民問題である。

インドシナ難民問題とは、南ベトナム、カンボジア、ラオスのインドシナ諸国が、社会主義体制に移行したことに伴い発生した難民問題を指す。一九七五年に、北ベトナムがベトナムを統一し、ベトナム戦争は終結したが、これに伴い、南ベトナムの政府関係者をはじめ、多くの南ベトナム国民が北ベトナム政府の弾圧を恐れ、国外脱出を図った。同様の事態はカンボジア、ラオスでも発生し、三カ国の難民は合計して一二五万人にも達した。

これらの難民の原因としては、各国の社会主義化による政治・経済的な変革を挙げることができる。南ベトナムの崩壊やカンボジアでのロン・ノル政権の崩壊など、社会主義体制への移行に伴い、社会の混乱が発生し、難民として海外へ流出した。ベトナムでは、南ベトナム経済で枢要な地位を握っていた中国系ベトナム人や、急激な経済社会改革に適応できなくなった人々が多かった。ラオスにおいても、私企業の廃止など、経済的な変革が起こる中で、タイ国境に向かう人々がいた。しかし、タイとラオスは、民族的にも経済的にも似通っており、平時でも交流があるため、一九七五年から七九年の間に二五万人が流入したが、特に問題とはされなかった。

一方、複雑なのがカンボジアである。カンボジアで生じた難民は、旧難民と、新難民とに区別されている。旧難民とは、ロン・ノル政権の崩壊によって生じた難民を指す。一方、新難民とは、ベトナムのカンボジア侵攻が原因となって発生した難民が該当する。

インドシナ難民問題は、海路を避難する難民、いわゆるボートピープルと陸路を避難するランドピープルに分けることができる。海路を取った難民たちは、小船やフェリーを仕立てて出国した。一九八一年までに、マレーシアには約一四・二万人、タイには、旧難民が約二五万人、一方、新難民は、一九七九年秋のピーク時には七五万人が流入した。インドネシアやフィリピンは、それぞれ約三・七万人と一・八万人で、香港には九・三万人が流入しており、マレーシア、タイが群を抜いていることがわかる。

インドシナ難民問題は、日本においても大きく取り上げられていた。日本船籍の船舶に救助される人もおり、数は少なかったものの、日本にやってくる難民もいた。また、テレビのワイドショーや、週刊誌などがこの問題を取り上げ、国民の関心を高めていた。

こうした中で、日本政府にさらなる難民受け入れを求める声が上がるようになった。特にメディアは、圧制者ベトナムから逃れてきた弱者として難民を捉えていた。メディアの同情もあり、日本において、インドシナ難民がクローズアップされたのである。

### †難民問題への対応

インドシナ難民問題において重要だったのが、難民に対する当面の措置と定住だった。難民の当面の措置とは、具体的に言えば、流入する難民をどう扱うかということだった。特に、近隣諸国にとって、ベトナム難民への対応は複雑だった。たしかに、難民は戦争や政変によって逃れてきた気の毒な人々ではあるが、近隣諸国にとって難民は悩みの種であった。

理由の一つは受け入れ国の負担だった。難民を収容するために、キャンプの設営や医療チームの派遣などの負担が生じていた。特に深刻だったのが、タイとマレーシアである。タイには、一九七五年以降、約五二・五万人が流入し、カンボジアの新難民に至ってはピーク時に九〇万人に達していた。これらの受け入れに対して、タイ政府は当初一時難民の入国を認めなかったが、国際的な支援体制が整った後、受け入れを決めた。

カンボジア内戦が勃発すると、タイの国境地帯も内戦の影響を受け、タイ国境付近のタイ人が戦渦に巻き込まれた。しかし、難民に救済措置が取られたのに、タイ人被災民には、救済が行われなかった。こうしたこともあり、難民問題はタイの経済や国民生活にダメージを与えていた。

他方、タイと並んで多くの難民が流入したのがマレーシアだった。一九七五年以降約一四・二万人が流入した。マレーシアは、徹底した隔離主義を取っていた。タイの難民キャンプは国境沿いにあり、一つの大きな町のようになっていた。他方、マレーシアは外界と隔絶した離島などを収容キャンプとして用いて、難民を隔離していた。

この背景には、マレーシアの微妙な民族バランスがあった。マレーシアは、マレー系、中国系、インド系のバランスの上に成り立っている国であった。そのため、難民問題が民族間バランスに影響を与えることを恐れて、隔離政策を取っていたのである。

このような国内事情に加えて、当時の国際情勢が両国のインドシナ難民に対する姿勢に影響を与えていた。それが、冷戦である。東南アジア諸国にとって、ベトナムは共産主義国家という異質な存在だった。また、共産主義との戦いは、東南アジア諸国にとっては現実的な課題であった。実際、マレーシアは、マラヤ共産党が反政府活動を展開していた。

こうしたこともあり、各国はインドシナ難民に警戒心を持っていた。すなわち、難民がベトナムから各国の経済を破壊するために送り込まれた人々なのではないかということだ。七月二〇日にジュネーヴで開催されたインドシナ難民問題国際会議でシンガポールのシンナタンビー・ラジャラトナム外相がこのような意見を表明し、シンガポールの中国語新聞『南洋商報』が社説で、ベトナムを非難するなど、ベトナムに対する警戒を強めていた。

この疑惑がクローズアップされたのが、ハイ・ホン号事件であった。ハイ・ホン号事件とは、一九七八年一一月、二五〇四人乗りのハイ・ホン号がインドネシアとマレーシアから接岸を拒否された事件である。

この事件を受け、マレーシア政府は難民に対する姿勢を硬化させた。マレーシア政府は、大型船を仕立てて海外へ逃れるのは、ベトナム政府の公認や組織化がなければ不可能と考えた。ベトナムが計画的に難民を送り込んでいると考えたのである。インドシナ難民問題は、単なる難民救援だけでなく、共産国家ベトナムとどう対峙するかという問題でもあった。

インドシナ難民問題の発生後、関係国は、欧米諸国や、地理的に近い日本に対して支援を求めた。欧米諸国や国際機関は、関係国を支援する一方でマレーシアなどの難民に対する措置を批判し、感情的な対立を引き起こす場面もあった。一九七九年五月、マレー半島東岸ビドン島の難民収容所を西ドイツの外交官が「ダンテの地獄」と形容し、それに対してマレーシアの新聞各紙は激しく反発した。負担を強いるだけで、人道的側面を強調する欧米諸国に対する反発が根底にあったと言えよう。

他方、マレーシアが激しく反発するのは難民問題に対して、国際的な支援を引き出す狙いもあった。これを主導していたのが、マレーシアの副首相だったマハティール・ビン・モハマドだった。彼は難民受け入れ拒否、国外退去という強硬策をちらつかせながら、国際的な支援を引き出そうとした。一九七九年七月にスイスのジュネーヴで欧米諸国や日本、そして周辺国が集まり、「インドシナ難民国際会議」が開催された。ここで、避難民の一時保護と、先進諸国による定住受け入れ促進が決議された。その後、インドシナ難民に対する国際的な支援が活発化していく。

この国際会議はマハティールの作戦勝ちだった。一方、割を食ってしまったのがタイやインドネシアである。各国がマレーシアの意見を受け入れたのは、マレーシアが強硬な対応を取った場合のタイやインドネシアへの影響を懸念したためである。インドシナ難民は広域に影響を及ぼす問題であり、一国の態度がほかの国に影響するという意味で複雑な問題だった。

インドシナ難民は、日本においても大きく取り上げられ、日本が難民条約に加入するきっかけを作った。この問題は、日本の人的貢献をめぐってもターニングポイントとなった。それが、カンボジア難民救援問題である。

## †カンボジア難民救援

ここでいうカンボジア難民とは、インドシナ難民問題の中でも、内戦をきっかけにカンボジア・タイ国境に逃れた難民、つまり新難民を指す。一九七八年一二月二五日にベトナムがカンボジアに侵攻すると、カンボジアでは、ポル・ポト政権が崩壊し、ベトナムの支援するヘン・サムリン政権が誕生した。しかし、ポル・ポトはタイ・カンボジア国境地域においてゲリラ活動を行い、ヘン・サムリン政権に反抗していく。これに、ポル・ポト以前にカンボジアの政権についていたロン・ノル派や、シアヌーク国王派なども加わり、カンボジアは泥沼の内戦に突入した。

カンボジアの政情が不安定化する中で、大量の難民がタイとカンボジアの国境地帯に流入した。欧米諸国はカンボジア難民支援を行い、日本政府も支援に乗り出した。日本の支援は、経済的な支援に止まっていたが、人的支援を求める声が大きくなった。ここでも大きな役割を果たしたのがメディア、特にワイドショーだった。タイ国境のカンボジア難民を取材した映像が日本のお茶の間に流されると、政府の対応に対する批判が強くなった。これを受け、日本政府は、一九七九年一二月に医療チームの派遣を決定する。この医療チームは後に国際緊急援助隊の先駆けとして位置付けられた。

カンボジア難民支援に対する初動の遅れは、日本政府に派遣体制の必要性を認識させることになった。一九八一年三月から関係各省庁（外務省、文部省、厚生省、労働省）や関係団体（日本救急医学会、日本医師会、日本赤十字社）との協議が開始され、この構想は同年一二月に関係団体との暫定合意に達した。一九八二年三月五日に櫻内義雄外務大臣が閣議において、JMTDR（国際救急医療チーム）設立を発言することで結実した。JMTDRは、地震等の大規模災害の発生に備え、国際救急医療活動に協力してくれる医療関係者を事前登録し、災害が発生した際に、医療チームを現地に派遣するという制度であった。JMTDRは、外務省と国際協力事業団（現・国際協力機構）が上記関係団体の協力によって運営されることになった。JMTDRの設立により、医療支援の即応体制が構築され、一九八四年のエチオピア干ばつ被害からこの制度に基づき医療支援チームが派遣されたのである。

日本は、医療支援という形で国際緊急援助に対する人的貢献を始めたが、実際に国際緊急援助活動を行っていく中で、救助チームや災害の専門家などの総合的な支援が必要との意見が強まった。そのきっかけが、一九八五年に発生したメキシコ地震とコロンビア火山噴火であった。

## †メキシコ地震・コロンビア火山被害への支援

一九八五年九月一九日に、メキシコ中部、首都メキシコシティから三五〇キロメートル離れたアカプルコ沖の太平洋を震源とするマグニチュード八・一の地震が発生した。この地震は、メキシコ中央部と西部、特にメキシコシティを中心に死者八〇〇〇人以上の大規模な被害をもたらした。

日本政府は、九月二〇日に国際救急医療調査チーム二名、同月二五日には第二陣として四名の医療関係者を派遣した。日本政府は、医療支援を行う一方で、九月二二日に災害緊急援助として一二五万ドルの支援を表明し、メキシコを訪問した安倍晋太郎外相とミゲル・デ・ラ・マドリ・ウルタード大統領との会談において、災害復旧と経済再建のための五〇〇〇万ドルの緊急融資と、専門家の追加派遣、機材供与を発表した。医療支援、経済支援以外の支援として、石油精製施設の安全確認のための専門家チームと、地震や通信の専門家からなる震災復旧専門家チーム、そして緊急時防災対策計画の整備のための専門家チームを派遣した。メキシコ地震において、日本政府は医療支援、経済支援、そして専門家チームの派遣と多岐にわたる支援を行うことになった。

二カ月後の一一月一三日、コロンビア北部のネバド・デル・ルイス山で大規模な噴火が発生し、麓のアルメロ市（推定人口二万五〇〇〇人）が壊滅し、少なくとも一万八〇〇〇人の死者を出した。コロンビア火山噴火に対し、日本政府は一五日に外務省内にタスクフォースを設置し、対策の検討を始めた。政府は同日中に国際救急医療チーム（八名）を、翌日青年海外協力隊OBで土木や看護等の専門家四名を派遣した。このとき、外務省は消防庁とも協議を行った上で、一〇名程度の救助隊派遣を準備していたが、コロンビア政府は、物資援助を優先して欲しいとの意向を示したため、救助隊派遣は実現しなかった。

日本政府は、人員の派遣を行う一方、資金協力などの支援も行った。一六日に緊急災害援助として一二五万ドルの供与を決定し、一八日に藤本芳男（よしお）駐コロンビア日本大使が小切手でアウグスト・ラミレス・オカンポ外務大臣に手交した。同日、コロンビアで災害救援活動に当たっている国連災害救済調整官事務所に対して、五万ドルの拠出を決定している。その他の支援としては、一二月末に土石流発生監視装置二台、翌年一月には車いす一〇〇台を供与するとともに、火山災害対策専門家七名を派遣した。

## †国際緊急援助体制拡充への動き

日本政府は、一九八五年にメキシコとコロンビアに国際救急医療チームを派遣し、資金援助を含めた広範な支援を行い、現地で高く評価された。駐メキシコ日本大使館は、外務省に日本の支援に感謝する現地の報道を報告している。例えば、第二次調査団の派遣に伴い日本政府が送った三〇組の救急医療セットの供与式がメキシコのテレビ、ラジオで多く報道され、現地主要紙に取り上げられていた。また、メキシコ地震の後、現地に派遣された援助関係者の業務報告書では、医療チームの迅速な派遣について、メキシコ政府が高く評価するとともにメキシコの各新聞も評価していると報告している。

他方、コロンビア火山噴火に対する日本の支援についての日本国内の報道は、批判的なものだった。朝日新聞、毎日新聞ともに迅速な対応であった点を評価した上で日本の支援が、医療支援に止まっていることを批判し、人命救助等の総合的な援助機構設置を促している。特に朝日新聞は、日本政府の支援決定の早さは評価しているものの支援全体は「現地のニーズと合っていない」と批判し、メキシコ地震の教訓が生きていないとした。

実際の活動に携わった援助関係者は輸送体制と医療チーム派遣体制を問題視している。まず論点となったのが現地までの輸送手段だった。メキシコ地震において、日本隊は、民間機を乗り継いで現地まで赴いた。しかし、メキシコ地震の報告会において、民間機を乗り継いで被災地に赴いたのは日本チームだけであり、輸送手段を民間機に頼ることは、即応性の点で問題があると指摘している。コロンビア火山噴火支援についても同様の問題が指摘されており、東南アジアで同様の事態が生じた場合には、ヘリコプターや救急車といった輸送手段自体の輸送も必要となるだろうと報告している。

医療チーム派遣体制について、人員と地震発生後の初動体制の問題が指摘されている。まず、人員の問題について、JMTDRに登録している人数がそもそも少ないことが課題となっているとした。また、コロンビア火山噴火の報告会においては、登録者にスペイン語が話せる人材が少ないことから、語学堪能な人材が必要と指摘された。

最後に、初動体制について、メキシコ地震の際、日本政府は、九月二〇日と二五日に分けて医療チームを派遣した。しかし、二次隊の派遣は、一次隊の動向を見ての判断であったため、救援活動に遅れが生じてしまった。他方で、コロンビア火山噴火については、第一陣のみの派遣となっており、メキシコ地震時を上回る人員を派遣された。このことから、コロンビア火山噴火救援に際しては、メキシコ地震の教訓が生かされたと言えよう。

これら問題点と同時に取り上げられたのが、救助チーム派遣の必要性だった。メキシコ地震において、建物の倒壊による被災者の救助が重要であった。日本チームは、医療支援のみ行ったが、各国の救助隊が、倒壊した建物から生存者を助け出していた。こうした各国の活動を受け、日本の救助チーム派遣の重要性が提起されるとともに、メキシコシティの救助において活躍した救助犬の育成の必要性が指摘されたのである。

救助チーム派遣の必要性は、日本の議会においても指摘された。一一月二七日の衆議院外務委員会において、公明党の渡部一郎議員が、メキシコ地震におけるフランス隊の活動に触れた上で、救助隊の派遣はインパクトがあり、現地の被災者に立ち上がろうとする意欲を与えるのではないかと指摘している。この発言に対し、藤田公郎(きみお)経済協力局長は、メキシコ地震の活動がメキシコ側の評価を受けているが、救助隊に比べると医療チームは地味な活動であると認めている。

メキシコ地震で派遣されたJMTDRの運営委員会は、これらの意見を総合した上で、メキシコ地震での活動を総合的に評価した。そこでは、メキシコ地震における日本の活動は全体としてメキシコ側に評価されているものの、総合チーム派遣により、日本の評価をさらに高めるであろうと結論付けている。

コロンビア火山噴火については、メキシコ地震を踏まえ、メキシコ地震を上回る規模の人員の派遣に成功しており、メキシコ地震の反省が生かされた。しかし、輸送手段や総合チーム派遣をめぐる問題は依然として残されていた。メキシコ地震およびコロンビア火山噴火における日本の緊急援助活動でさまざまな問題点が明らかとなり、後の緊急援助隊につながる総合チーム派遣体制の必要性が認識された。

## †国際救助隊から国際緊急援助隊へ

メキシコ地震、コロンビア火山噴火を受け、外務省は、経済協力局技術協力課が中心となり、新たな国際緊急援助体制構築についての検討を開始した。外務省は、関係各省庁の了承を得た上で、閣議報告・請願等の形により、年内に総合的な国際救助体制を構築することを目指していた。一一月二七日の衆議院外務委員会において公明党の渡部一郎議員が救助隊発足を求める発言を行った。この発言に対し、安倍外相は全面的に賛意を表明し、構想について研究を行いたいと前向きな姿勢を示した。

外務省や国会において、国際緊急援助体制の拡充が議論される中で、警察庁や消防庁などの関係省庁は緊急援助体制強化に協力する姿勢を見せていた。一二月一二日に、経済協力局主催で関係省庁（警察庁、消防庁等）各省会議が行われ、各省庁は、国際救助隊設立に前向きな姿勢を示した。二七日の閣議において、安倍外務大臣が国際緊急援助体制の強化を打ち出す大臣発言を行い、自治大臣、国家公安委員長、運輸大臣は、これに対する協力姿勢を取る旨、発言した。

日本政府は、国際緊急援助体制の強化を打ち出したが、その方法は、当初予定していた内閣としての意思決定を示す閣議決定や閣議了解ではなく、各大臣の政策方針を示す大臣発言という形を取った。この方法をめぐって、関係省庁の意見は分かれていた。関係省庁の中で消防庁は閣議了解を主張していた。消防庁は国際救助隊の派遣には地方公共団体の協力が必要であるが、国が協力を要請する根拠として、政府全体としての明確な意思決定が必要と考えたため、閣議了解を行うことを主張した。しかし、閣議了解には、内閣法制局が反対した。内閣法制局は、地方公共団体職員の海外派遣等について法律上問題がないことを短期間に回答することは不可能であるとし、閣議了解は困難との見解を示していた。そのため、閣議了解ではなく政策方針を示す大臣発言となったのである。

大臣発言においては、外務省が中心となり、国際緊急援助体制強化を図ることが確認された。安倍外相は①外務省に「国際緊急援助タスク・フォース」を設け、関係省庁との連絡、調整を行うこと、②国際救急医療チームの拡充と国際救助隊および災害復旧の専門家の派遣体制を整え、それらを「国際緊急援助隊」と総称することとした。

## †外務省の動き

国際緊急援助体制強化は、外務省経済協力局技術協力課を中心とするタスクフォースが具体案を策定し、そして他省庁との折衝を行った。この折衝を通じて、外務省の方針が変更されたが、基本的には外務省が国際緊急援助体制強化の中心的役割を果たしていた。タスクフォースの座長は大臣官房総務課長とし、経済協力局技術協力課長が事務局長となり、事務局は技術協力課内に設けることとなった。タスクフォースには、その他、人事課長、会計課長、政策課長、条約課長、法規課長、国連政策課長、機能強化対策室長が参加した。この中で中心となったのは大臣官房総務課および経済協力局技術協力課で、課長、首席事務官、そして二名ほどの事務官が参加しており、他課（例えば条約局条約課）からは一名程度の参加となっている。国際救助体制強化について、当初より技術協力課が中心となって取りまとめを行っていたため、その体制を引き継ぐこととなった。タスクフォースにおいては、特別法制定にかかわる事項（事務分担、進捗状況の報告等）につき、審議を行うこととし、意思決定を行う場合には、別途主管局部に決裁を得なければならないことが決定された。このことから、特別法策定は従来通り技術協力課が中心となって作業に当たり、タスクフォースにおける議論を経て、技術協力課の範囲外の事務について各部局の協力を仰ぎながら、問題点の洗い出しが図られたのである。

外務省での法案作成の後、関係各省庁との協議が行われた。関係各省庁で作業委員会を設置し、国際緊急援助隊のうち、新設される国際救助隊の派遣体制整備のため、輸送、必要資機材、訓練、身分、その他必要な事項に関し検討、協議することとなった。作業委員会は外務省技術協力課長が総括し、警察庁警備課長、運輸省国際協力課長、海上保安庁国際課長、消防庁救急救助室長、国際協力事業団が構成メンバーとなり、オブザーバーとして国土庁防災企画課長、JMTDR運営委員会運営委員長、青年海外協力隊事務局と必要に応じて他の省庁のメンバーが参加することとなった。この作業委員会で外務省が作成した素案についての検討が行われた。

## †国際緊急援助体制拡充をどう実現するか

国際緊急援助体制強化をめぐっては、現行法による対応、法改正、特別法の制定という選択肢があったが、結局は、国際緊急援助隊の派遣に関する法律という特別法を制定することになったのである。

まず当初検討されたのが、現行法による対処であった。現行法による対処には法改正や新法制定を必要とせず、速やかに国際緊急援助体制強化を図れるという利点があった。他方、現行法のまま、国際緊急援助体制を図ることには法的な問題が存在していた。その中で特に問題となったのが、救助にかかわる人員の身分に関する問題である。

内閣法制局は、緊急援助隊に参加する要員の身分の問題について、外務省の諮問に対して、「法的に問題がある」と回答している。内閣法制局は消防や警察職員は地方公共団体の職員であるため、地方公共団体の職員が国の要請により国際救助隊に参加する場合には、明文規定が必要であるが、現行法には規定がないため、出張命令により国際救助隊に参加することはできず、国際救助隊への参加は休職等によりＪＩＣＡの専門家としての委嘱を受けた場合に限るとの見解を示していた。他方、海上保安庁については、運輸省設置法に運輸省が国際協力に関する事務を所掌事務とする旨、明記されていたことから、海上保安庁職員が国際救助隊に参加することは可能であると回答していた。

外務省は、当初、内閣法制局が合法としたＪＩＣＡへの委嘱という形で法改正なしの実現をする方針であった。しかし、消防庁、警察庁は公務出張でなければ、①部隊全員の参加を確保できない、②（殉職の際の二階級特進、災害補償等の）身分保障を得られない、③士気の低下を招くとして休職等による参加は受け入れられないと回答していた。消防庁は、「救助活動は日常の訓練で要請された指揮命令系統の下で行うことが必要であり、消防機関と切り離すことは不可能である」として消防庁の指揮命令系統を維持することを求めた。この点については、後に検討する国連平和協力法制定時にも同様の問題が生じており、別組織化に反対する根拠となっていた。

以上の理由から、消防庁や警察庁は現行法による対処に問題があると考えていた。消防庁は消防組織法の改正を希望し、警察庁は外務省が主導し、特別立法が必要であると主張していた。消防庁、警察庁ともに内閣法制局が現行法で可能としていた休職方式に強い反対を示したのである。

消防庁、警察庁の意見を受け、外務省は現行法による対処を断念し、消防組織法、警察法の改正を模索することにした。消防組織法の改正が行われるとしても、①外交一元化の観点から案文について慎重に対応、②国際協力事業団を通じての派遣というメカニズムを損なわないこと、③法改正が今国会で成立しない場合には暫定措置として、ＪＩＣＡ専門家派遣方式による国際救助隊の派遣を可能とするよう両庁と協議を行うとの方針を堅持する意向であった。

## †外務省の方針

当初、外務省は、大規模災害に対する総合チーム派遣に対して、現行法の改正による解決を模索していた。その理由として、まず特別法制定には各省の折衝が必要であり、それに時間がかかってしまう恐れがあること、次に自衛隊参加問題がクローズアップされかねず、法案通過を困難にする恐れがあるというものであった。

まず、各省折衝の問題について、外務省が特に問題としていたのは現場指揮をめぐる問題と国際協力事業団法改正についてであった。現場の指揮監督権について、国内においても消防庁と警察庁の権限争いに決着がついておらず、処理が困難となる可能性があった。次に事業団法に関する問題であるが、事業団法は予算関連法案であり、すでに予算関連法案の登録は終わっているため、大蔵省の了解を得られない可能性が高かった。

法改正による国際救助体制構築が図られようとしていたが、この方針も内閣官房、特に後藤田正晴（ごとうだまさはる）官房長官の介入をきっかけに特別法制定へと転換した。二月二一日に柳谷謙介（やなぎやけんすけ）外務次官が後藤田官房長官にブリーフィングを行った際、後藤田長官は特別法作成を指示し、法改正による決着に待ったをかけたのである。なぜ、後藤田は特別法制定を指示したのだろうか。後藤田や藤森昭一官房副長官は、国際協力は国の事業として行うのだから、各省庁がバラバラの体制を作ることは好ましくない。そのため、一括法、すなわち特別法を制定すべきという考えであった。

翌日に総理官邸で開かれた藤森官房副長官主催の四省庁会議（外務省、警察庁、消防庁、海上保安庁）において、藤森官房副長官は以上の見解を示した上で、一括法制定を指示し、警察庁もこの意見に同意した。これに対して、海上保安庁は現行法のままで要員を派遣できるとの見解を内閣法制局が出しているものの、総合的な体制づくりは必要であるとして、賛意を示した。外務省は関係各省庁の協力に謝意を示し、外務省が主導するのならば、特別法を制定するということには異存はないとの見解を示した。

## †消防庁の異論

特別法制定に異論を表明したのは消防庁であった。このとき、消防庁は理由を三点挙げ、特別法制定に反対した。まず、法改正はあくまでも地方自治体の消防が参加できる根拠作りをするのみに止めたい。次に、すでに消防組織法改正に向けて動いており、四月の早い段階で法改正が実現する見込みである。法改正を踏まえ、四月一一日には東京湾において皇太子殿下視察の下、消防機関の合同訓練を行う予定で準備を進めている。そして国際救助隊派遣については、できることから行うというのが理由であった。

他方、警察庁や藤森副長官は、警察や消防がバラバラに体制を作ることは好ましくないとの意見を出し、一括法制定を後押しした。この問題は、二四日に関根則之(のりゆき)消防庁長官が後藤田官房長官と会談した際にも討議されたが、このときも決着はつかなかった。

しかし、消防庁としても、このまま抵抗を続けることが望ましいと考えていたわけではない。後藤田官房長官との会談後、消防庁次長から藤田公郎外務省経済協力局長に対して法改正についての連絡があった。これによると、消防庁は、二二日の各省庁会議と後藤田官房長官との会談の結果、一括法を制定する方針を受け入れざるを得ない。その上で、法案提出時期と規定振り、すなわち特別法に消防組織法改正に伴う案文をそのまま盛り込むかどうかについての外務省見解を確認し、自治大臣の決裁を得て、特別法制定に異議がないと回答するというものであった。加えて、法制定までの暫定措置として消防職員がＪＩＣＡ専門家として救助隊に参加することは「彼らが命がけで行くことを考えると消防としては困る」という見解を示していた。

消防庁の確認に対して、藤田局長は①法案の今国会提出は無理だが、比較的早い時期に提出したい、②規定振りについては関係各省庁の要望を聞き、満足の行く規定振りとしたい、③一括法ができるまでの措置については外務省が責任を持つとの回答を行った。こうして、内閣、特に後藤田官房長官による調整の結果、特別法を制定、つまり外務省が主導権を取ることが決定したのである。

## †自衛隊参加問題

ここで大きな問題になったのが、自衛隊参加問題だった。外務省は当初から慎重な対応を取っていた。外務省が自衛隊参加に慎重であった理由として、当時の政治状況の影響を指摘しておく必要があろう。当時は、売上税の審議が行われており、この法案審議が国際緊急援助隊法にも影響を及ぼしていた。

他方、法案に対して、共産党を除く野党各党が国際緊急援助隊法の趣旨説明を共同で行っており、各党の見解は一致しているかのように見えるが、実際には各党の見解が分かれているというのが、外務省の分析だった。民社党は、自衛隊参加を主張していたが、自衛隊参加がなくとも法案に対しては賛成、公明党は同法が一九八五年一一月の国会答弁から出発したという経緯から賛成の立場を取ると考えていた。社会党の動向について、海外派兵に道を開くという的外れな意見から反対と結論付けていたものの、長期間審議、もしくは将来の自衛隊派遣を封じるために与党・政府から一筆取り付けることを要求することもあり得るとして警戒していた。

外務省は、自衛隊参加なしでも国際緊急援助隊結成は可能であること、自衛隊の海外派遣については国民の反対が予想されること、そして、自衛隊参加の余地を残すことで、法案に対する野党の反対を招き、法案自体が頓挫（とんざ）する恐れがあるため、自衛隊参加は、個人参加を含めて、いかなる形であれ認めない方針を採った。

外務省の自衛隊参加に対する方針は、当面、参加を認めないとするものだったが、将来の可能性を、否定していなかった。特に、条約局はＰＫＯ派遣問題と国際緊急援助活動の関連から、将来的な可能性を否定すべきでないとの立場を取っていた。条約局の見解によると、ＰＫＯは、停戦監視や紛争の鎮静化が目的であり、災害緊急援助とは関係がないため、援助隊がＰＫＯに参加することはない。とはいえ、ＰＫＯ参加を明確に否定することに対しては懐疑的であった。例えば、当時の小和田恆（ひさし）条約局長は、「何が何でも出すべき」という意味ではないと断った上で、国連ＰＫＯの中でも、直接武力紛争に関わらないものもあり、国際機関等の要請があった際には、何らかの支援を行う余地を残す努力をする必要があるのではないかというコメントを附記している。以上の点から、当時の外務省では、ＰＫＯ参加を否定したものの、将来的な参加の余地を残すべきと考えていたことがうかがえる。

## †国際緊急援助隊の創設

省内の議論と並行して、外務省は外務省案を元に、関係各省庁と国際緊急援助隊法についての折衝を行った。具体的な論点は特別法制定に至るまでに出されていたことであるが、特別法制定においては各省庁と外務省の間に覚書を交わし、当初方針を確認することが行われた。

各省折衝においては、費用負担等の細かな問題が話し合われた。自治省（当時）および消防庁は外務省に対して、①派遣職員は消防および警察職員に限ること、②財政負担は国際協力事業団が行うこと、③職員の増加のない範囲で行うこと、④海上保安庁、消防庁および自治省同様に警察庁も財政負担は国際協力事業団が行うこと、そして⑤緊急援助隊派遣においては警察庁長官の承諾を必要とすることを求めていた。これらの意見に対して、外務省はこれらの省庁の意見に従うとの意向を示した。

　他方、海上保安庁のみの問題として、輸送手段の提供問題があった。警察庁などと異なり、海上保安庁は巡視船や航空機を保有していた。しかしながら、国際緊急援助隊法においては、専らチャーター機等の民間の手段による輸送を想定しており、緊急かつやむをえないとき以外は海上保安庁が輸送手段を提供する必要がないことを明言している。

　これらの折衝を経て、法案は一九八七年三月一三日の閣議で内閣の了承を受けた上で、国会に送られた。しかし、売上税審議問題の影響を受け、継続審議となった。法案審議においては、外務省の予測通り、共産党から自衛隊参加の可能性についての疑念が出された。これに対して、倉成正（くらなりただし）外務大臣は、法案に自衛隊参加が含まれていないことを説明し、自衛隊参加についての懸念を取り除こうとした。

　国際緊急援助隊法の審議自体は、自衛隊参加が法案に盛り込まれていなかったことから、自衛隊参加に対する疑念と、法案の趣旨に対する質問が出たのみで法案自体に反対する動きは見られなかった。結果的に、八月一九日の衆議院外務委員会において、これまでの議論を踏まえた「国際緊急援助隊の派遣に関する法律案に対する附帯決議」が付された法案は全会一致で可決され、翌二〇日に衆議院本会議を通過した。同月二五日に参議院外務委員会においても、同法案は全会一致で可決され、翌二六日には参議院本会議において、全会一致で法案を可決した。こうして、国際緊急援助隊法は国会を通過し、九月一六日に施行された。日本は従来の医療チームに加えて、救助隊を派遣することとなり、国際緊急援助活動の強化が図られたのである。

### †イラン・イラク戦争と掃海艇・巡視船派遣構想

イラン・イラク戦争は、一九八〇年から始まった両国間の戦争である。戦争は長期にわたり、イランとイラクは互いの戦争継続能力を奪おうと、ペルシャ湾を航行するタンカーへのミサイル攻撃や、タンカーの航行ルート上に機雷を敷設した。特に機雷の敷設は、戦争当事国だけではなく、付近を航行する他国の船舶をも巻き込んでいた。ペルシャ湾地域は、中東の産油国からのタンカーのルートとなっており、戦争の拡大は各国にとって、無視できない問題となっていたのである。

一九八七年に入り、米国は、ペルシャ湾に艦船を派遣するなど、ペルシャ湾地域への関与を強めていた。その際、米国政府は、ペルシャ湾の安全航行のため、戦争でイラクとイランが敷設した機雷除去のための掃海艇の派遣を、日本をはじめとする各国に要請した。

当時は中曽根政権下、中曽根康弘首相とロナルド・ウィルソン・レーガン大統領の親密な個人的関係もあり、日米関係は非常に良好であると思われていた。しかし、経済力を強める日本と米国の間で貿易摩擦が起こっており、日米関係は実は磐石ではなかった。加えて、日本は米国から同盟国としての支援が求められるようになっていたのである。

日本政府は、米国政府の要請を受け、掃海艇派遣などペルシャ湾の安全通航を実現するための支援策を検討した。一九八七年の掃海艇派遣案は、初めて自衛隊を部隊単位で海外に派遣することが検討されたものであった。

しかし、掃海艇派遣案について公海への自衛隊派遣は憲法上認められるという政府見解が出されたものの、自衛隊派遣に対する国内世論の反発を恐れ、結局実現しなかったのである。

掃海艇派遣案が挫折した後、日本政府が模索したのが巡視船派遣案だった。巡視船派遣案を主張したのは外務省だった。外務省は、巡視船派遣案を憲法問題に触れることなく実現可能な人的試案策と位置付け、国内世論の反発を抑え、人的貢献を求める米国にも日本の貢献を示すことができると考えたのである。

たしかに、巡視船派遣案は、軍隊の海外出動ではないため、憲法問題を回避することが可能な選択肢だった。しかし、戦闘地域に船舶を派遣するという意味では、掃海艇派遣と同じく人命を失う危険が伴っていた。そのため、日本政府としては、巡視船派遣を断念せざるを得なかったのである。

掃海艇派遣、巡視船派遣に挫折した後、日本が実現したのが、デッカシステムと呼ばれる電波航行システムの供与と経済援助であった。ペルシャ湾安全航行問題において、日本政府は、人的貢献策を打ち出すことには失敗したものの、経済援助だけではない新たな支援策を打ち出すことには成功したのである。

第 3 章

# 始まり——「汗を流さない大国」からの脱却をめざして

呉基地にて、自衛隊初の海外派遣から帰国した海上自衛隊ペルシャ湾掃海部隊の隊員
（1991年10月30日、写真提供=共同通信）

## †冷戦の終結

一九八〇年代半ば、新冷戦のもとで対立していた米ソ関係に変化が訪れた。一九八五年三月にコンスタンティン・ウスチーノヴィチ・チェルネンコの死去に伴い、ミハイル・セルゲーエヴィチ・ゴルバチョフがソ連共産党書記長に就任する。ゴルバチョフは就任した後、米国との関係改善に乗り出した。一一月にスイスのジュネーヴでレーガンとの米ソ首脳会談に臨んだ。この席上、ゴルバチョフとレーガンは、核軍縮交渉の加速と相互訪問について合意した。ゴルバチョフが対米関係改善を意図した背景には、外交面での成果を挙げ、政権基盤を固めるという目的があった。当時、ゴルバチョフは国内の改革に取り組もうとしていた。彼は一九八六年四月に政治体制の改革を掲げた「ペレストロイカ」を提唱し、四月二六日に発生したチェルノブイリ原発事故を契機として、「グラスノスチ（情報公開）」を開始する。ゴルバチョフがこうした国内改革を進めるためには、政権の基盤を固める必要があった。彼は、米国との関係改善を梃子に国内基盤を固めようとしたのである。

一九八六年二月に、ソ連はアフガニスタンからの撤退を発表すると、米ソ関係はさらに改善した。アフガニスタン問題は新冷戦の焦点となっており、ソ連の発表は、ソ連の姿勢変化を表すものとして高く評価された。同年の一〇月にアイスランドのレイキャビクで再度米ソ会談が開かれた。このときの会談で核戦力全廃の話が進んだが、ＳＤＩの扱いをめぐって米ソは対立し、合意はまとまらなかった。米ソが核戦力の全廃をめぐっての交渉を続けていることに、欧州諸国、特に英国は不満を表明した。核戦力の問題をめぐる協議が難航していたが、幾度かの交渉を経て、一九八七年一二月にＩＮＦ全廃条約に米ソが調印した。翌年五月にはソ連がアフガニスタンからの撤退を開始した。こうして、冷戦は終焉を迎えたのである。

### †国際協力構想と国内政治情勢の変容

冷戦の終焉という国際情勢の変化が起こった一方で、日本国内では短命政権が続き、政治の混迷が生じていた。一九八七年一〇月二〇日、中曽根首相の裁定により、竹下登（のぼる）が後継総裁に指名され、翌月六日に竹下政権が成立した。竹下は党内最大派閥の竹下派を率い、総裁選を争った安倍と宮澤を幹事長と副総理兼蔵相という重要ポストに起用した。竹下は安定した政権基盤の下で、政権を立ち上げた。

竹下は地価対策や税制改革といった内政面だけではなく、日米関係の再構築を最重要課題として位置付け、精力的な外交を展開した。竹下は「世界に貢献する日本」を掲げ、それは一九八八年四月末までに「国際協力構想」という形で具体化された。問題意識としては、日本の国際的地位向上に伴い、日本が国力にふさわしい責任を果たすべきという国際社会の期待の高まりに対して応える必要があるというものだ。

「国際協力構想」は、五月初旬からの訪欧に際して、ロンドンで行うスピーチで概要が明らかにされ、その後六月に開催される国連軍縮特別総会と、七月に開催されるトロント・サミットでフォローアップを行うとしていた。

「国際協力構想」は、「国際文化交流の推進」「政府開発援助の拡充」「平和のための協力」を三つの柱としていた。竹下は「平和のための協力」において、PKOへの人的協力を政権公約としていた。一九八八年六月に国連アフガニスタン・パキスタン仲介ミッション（UNGOMAP）、八月には国連イラン・イラク軍事監視団（UNIIMOG）に外務省職員を政務官として派遣し、国連平和維持活動への人的協力に踏み出した。PKOへの自衛隊の参加は、外務省内での議論に止まり、政府内で議論は行われなかった。結局のところ、PKOへの自衛隊参加についてはあくまでも可能性が提示されるのみであったのである。

竹下は内政だけでなく、外交面でも積極的に政策を打ち出そうとしていた。しかし、一九八八年七月にリクルート・コスモス社の未公開株譲渡をめぐる不正献金疑惑が持ち上がると、竹下内閣の支持率は急落し、その後も政権への国民の支持は回復しなかった。結局、竹下は一九八九年六月二日に総辞職し、一年半で政権の座を退いたのである。

## †ねじれ国会の発生、海部政権の誕生

竹下辞職の後、竹下内閣の外務大臣であった宇野宗佑が後継首相となった。宇野が首相となった背景には、前政権の外務大臣として外交の連続性を維持するという意味のほかに、後継首相に対して、竹下が影響力を残すという要素があった。宇野は独自の政治的基盤を有しておらず、宇野政権は竹下派が後押しをする形で成立したのである。

宇野政権は、政権発足直後に宇野自身の女性スキャンダルが持ち上がったため、国会で激しい批判に晒された。七月の参議院選挙で、自民党は前回の選挙の獲得議席数の七二に対して、今回の選挙では三六議席しか得られなかった。そのため、自民党の参議院での議席数は非改選議員を合わせても一〇九議席であった。自民党は参議院において過半数（一二七議席）を維持できなかった。以後、参議院ではねじれが生じ、宇野以降の政権は野党への配慮が必要となった。

参議院選挙の翌日の七月二四日に、宇野は敗北の責任を取って辞任し、宇野に代わって政権の座に就いたのが、海部俊樹であった。海部はクリーンなイメージの人物であり、リクルート事件以降の度重なる不祥事から生じた自民党のイメージを払拭していくには好都合の人物と党の内外では考えられていた。彼が属する河本派は少数派閥であったが、竹下

との関係も悪くなかったため、竹下派が海部を支持していた。

八月八日に開かれた自民党総裁選において、石原慎太郎や林義郎を破り、海部が総裁に選出された。この総裁選は、どの候補者も派閥のリーダーではなかったという点で特徴的であった。総裁に選出された海部にしても、河本派のリーダーではなかった。総裁選において、海部は竹下派、中曽根派、そして安倍派の支持を受けており、海部政権では最大派閥の竹下派の協力が不可欠であった。そのため、党幹部と閣僚人事は有力派閥の竹下派と安倍派が主導し、幹事長は竹下派の小沢一郎となった。

海部は、それまでの自民党の悪いイメージをある程度払拭することができた。一九九〇年二月一八日に行われた衆議院総選挙において、自民党は二七五議席の安定多数を獲得した。このため海部は衆議院においては、安定した政治基盤の獲得に成功したのである。

しかし、衆議院選挙に勝利したとはいえ、海部政権の構造は変わらなかった。依然として、海部の属する河本派は少数派閥であり、海部は他派閥、特に竹下派の協力を必要としていた。選挙後に発足した第二次海部政権において、小沢が幹事長に留任し、竹下、安倍、宮澤の各派閥が四つの閣僚ポストをそれぞれ分け合った。海部政権は選挙に勝利したものの、他派閥の協力を求めなければならないという意味では、政権基盤が脆弱であったといえよう。加えて、自民党が衆議院で過半数を獲得したとはいえ、参議院においては、自民党は過半数の議席を有しておらず、依然として公明党などと協力する必要があった。そしてこの状況は湾岸危機や湾岸戦争、そしてその後の日本の人的貢献策を縛る要因となった。

海部政権の政権基盤は、総選挙後も変わらずに脆弱であったが、海部自身の姿勢には変化が生じていた。海部は、総選挙の勝利に自信を深めていた。そして、総選挙による勝利を背景として、海部は政治課題を解決し、さらなる政権浮揚につなげようとしていた。こうした中で海部が取り組んだのが、日米構造協議であった。

日米構造協議は、日米経済摩擦を緩和するために両政府が、一九八九年九月から翌年六月末にわたって協議し、貿易を阻害するような文化・社会制度等を取り上げ、その解決を図るとしたものである。竹下政権末期から、日米の経済摩擦が激しさを増し、米国は日本に対して、厳しい要求を突きつけていた。米国は冷戦に勝利したが、米国経済は財政と貿易の「双子の赤字」に苦しんでいた。一方の日本はバブル経済の中、日本の資金が不動産を中心とした米国への直接投資に回されるようになっていた。ソ連との冷戦が終結し、日本からの経済攻勢に晒される中、米国は日本を経済的脅威と認識するようになったのである。日米構造協議において、日米間は厳しい交渉を繰り広げた。そして、一九九〇年六月末の最終報告締め切り直前に貯蓄・投資バランス、土地利用、流通、価格メカニズム、排他的取引慣行、系列システムの六つの分野等で日本側が譲歩し、日米構造協議は妥結した。

日米構造協議は、日米関係に転機が訪れていたことを示していた。この交渉を通じて、それまでの日米関係とは異なる厳しい交渉が繰り広げられた。日米構造協議は、冷戦が終結する中、日米関係が大きく変容したことを印象づけることとなったのである。しかし、安定政権と期待されていた竹下政権は、リクルート事件を発端とした政治不信の中で、内政面の課題を解決することが精一杯であった。後継政権も、冷戦終結以降の新たな課題を議論する余裕はなかった。日本は、冷戦後の新たな役割についての議論を深められないまま、湾岸危機を迎えたのである。

### †PKOのルネサンス

冷戦が終焉を迎える中で、大きく変化したのが国連平和維持活動だった。国連平和維持活動は従来停戦監視などの活動を専らとしていたが、米ソ対立の中で活動自体が実施されること自体が難しかった。しかし、冷戦が終焉へと向かう中でそれまで平和維持活動に懐疑的な姿勢を取っていたソ連が積極的な支持を表明するようになった。こうした中で八八年以降、「PKOの再興（ルネサンス）」と呼ばれる新時代を迎え、一九八八年の国連イラン・イラク軍事監視団（UNIIMOG）や国連アフガニスタン・パキスタン仲介ミッション（UNGOMAP）、一九八九年の国連ナミビア独立支援グループ（UNTAG）等のミッションが開始され、国連平和維持活動は活発に展開された。これらの活動の特徴として、従来の平和維持活動と異なり、平和維持活動単体ではなく、地域紛争の包括的な解決方式の中に平和維持活動が組み込まれているというものがあった。冷戦が終焉を迎え、国連平和維持活動が活発化するとともにその性質が変化する中で、実戦部隊以外の活動の重要性が増すこととなった。このことは後のカンボジア暫定統治機構（UNTAC）等に、日本の自衛隊が参加する余地を生んだのである。

### †湾岸危機

一九九〇年八月二日、イラクがクウェートに侵攻すると、米国はイラクに対して、クウェートからの撤退を求め、圧力をかけた。イラクのクウェート侵攻は、サウジアラビアをはじめとした湾岸地域を不安定にするものであり、石油価格の高騰につながった。米国などの国々は、国連において、同日中に即時無条件撤退を求める安保理決議を採択し、イラクの行為を非難した。米国は八月七日、サウジアラビアへの米軍派遣を決定し、八月一〇日にはイラクを封じ込めるために「砂漠の盾」作戦を決定した。こうして、米国を中心とする国々は、多国籍軍を結成し、イラクに対する圧力を強めていったのである。一方、イラクは、八月七日にクウェートを自国に一九番目の県「カーズィマ県」として編入することを宣言し、八月一八日には、イラクに滞在していた日本人、米国人などの外国人を「人間の盾」として人質にすることを表明した。このように、国連決議や米国の介入を受けても、イラクは一歩も引かない姿勢を示していた。こうして、湾岸地域の緊張は日増しに高まり、米国とイラクは一触即発の状態となっていたのである。

米国は、湾岸危機において、国連安全保障理事会に問題を提起し、その上で、多国籍軍を結成し、同盟国の支援を求めた。その背景として、国際政治理論などを専門とする多湖淳は、軍事行動の規模が大きい、民間人退避を目的としない、国内経済の低迷、選挙直前から選挙後であり、愛国心の効用は必要ないこと、そして、分割政府であることが影響していたと指摘している。

湾岸危機における米国の行動については、多数の論点を含んでいるが、湾岸危機における日本の支援に注力するためにも、ここでは米国と多国籍軍、特になぜ米国が同盟国の支援を必要としたのかを解明する必要があろう。そのため、本書では多国籍軍結成の背景として、米国と国連、そして米国政府と国民、議会との関係に着目する。

まず、第一点目の国連と米国の関係について、湾岸危機は、イラクのクウェートに対する侵攻という明確な国際法違反によって始まった。政治学者のフリードマンとカーシュは、湾岸危機について「侵略行為の教科書的事例」と指摘している。当時のベーカー国務長官は、安全保障理事会において、問題を提起することについて「改めて議論するまでもない」と指摘し、安全保障理事会による対処は当然のことであったと振り返っている。湾岸危機は、イラクの侵略によって始まったため、イラクの非は改めて議論するまでもなく、他国にも受け入れられたのである。

第二点目の国民、議会との関係について、米国政府が注力していたのが、米国のみが負担を背負っているという印象を与えないようにするという点であった。多湖淳は、湾岸危機において、当時多数党であった民主党だけでなく、出身政党である共和党内から生じた費用負担に対する批判に、ブッシュ政権が対応する必要があったことを指摘している。ベーカー国務長官は、「「砂漠の盾」作戦に対する世論の支持を取り付けるためにも、「豊富な財源を持つ国が知らぬ顔を決め込んで、米国民だけが勘定を支払わされている」という印象を与えないようにすることが肝要だった」として、米国民の支持を得るために、同盟国に支援を求める必要があったことを指摘している。またブッシュ大統領は、負担共有を求めて政権に圧力をかける議会との折衝に手を焼いたと振り返っている。米国は、湾岸危機対応に対する国内支持を取り付けるためにも、同盟国からの支援を必要としていたのである。

## †湾岸危機における支援要請

イラクのクウェート侵攻直後、米国は同盟国をはじめとする国々にともにイラクへの圧力をかけるよう協力を求めたが、それは日本にも及んでいた。八月四日から海部首相とブッシュ大統領は、電話会談を重ね、湾岸危機への対応を話し合った。八月四日の会談で日本は米国を支持することを表明した。一〇日後の六月一四日、ブッシュ大統領と海部首相の電話会談において、米国は日本に、資金協力や多国籍軍への輸送手段の提供、掃海艇もしくは補給艦の派遣を求めた。同様の要請は、八月一五日にアマコスト駐日大使から栗山尚一（たかかず）外務事務次官、八月一七日と一八日にはスコウクロフト補佐官とキミット国務次官から村田良平駐米大使という形で、複数の経路を辿って行われた。こうした外交ルートでの要請に加えて、在日米軍司令部も、海上幕僚監部に対して、掃海艇派遣を打診していた。

米国の掃海艇派遣要請の背景には、一九八七年のペルシャ湾安全航行問題における日本政府の自衛隊派遣に対する憲法解釈が影響していた。米国政府は、日本が憲法によって、自衛隊を多国籍軍に参加させることができないことは十分に承知していた。しかし、米国政府は、一九八七年の掃海艇派遣論議の際に、当時の中曽根総理が「公海上での掃海活動は法的に問題ない」とした国会答弁から、掃海艇派遣であれば可能と考えていた。

また、米国は、湾岸危機を一九八七年のペルシャ湾安全航行問題よりも重要視していた。米国にとって、日本への派遣要請は、米国とともにイラクに圧力をかけることを求めるものであった。そのため、米国は、日本に支援を求めるのは当然と考えていた。こうした文脈から、米国は後方支援という形で日本政府に対して、掃海艇もしくは補給艦の派遣を求めたのである。

他方、日本に軍事的プレゼンスを求めるかどうかについては、政府内でも議論が分かれていた。実際、掃海艇派遣については、スコウクロフト補佐官とキミット国務次官からの要請には含まれていなかったことが指摘されている。アマコスト駐日大使も「日本が非戦闘用の船舶を提供する意思があるのならばそれでも結構だが、もしないのなら財政的な支援の上積みか、他の手段での非軍事的な支援でも埋め合わせが可能」と回想している。そのため、米国は掃海艇もしくは補給艦の派遣を提示はしたものの、重要視はしていなかったと言えよう。

米国の掃海艇派遣要請に対して、海上自衛隊は、海上幕僚監部内で掃海艇派遣についての検討会を開催した。この検討会においては、世論を考慮して研究のみが行われ、研究結果は防衛庁の内局や統合幕僚会議に報告された。報告では、現行法の範囲内で、海上警備行動（自衛隊法第八二条）、機雷等の除去（自衛隊法第九九条）等が可能であるとの見解が示された。

一方、外務省は、掃海艇派遣に否定的であった。外務省は米国の支援要請を受け、多国籍軍への支援について検討を行い、それらに対して○（種々の困難はあるが、追及する価値あり）、△（法令改正を要する等困難は大きいが、全く不可能ではない）、×（憲法上その他の多大の困難あり）という評価を行った。この中で掃海艇派遣は、「ペルシャ湾安全航行問題との関連で一定の条件下であれば可能と整理したが、①掃海する機雷が公海上遺棄されたものに限定されうるか、②我が国船舶の航行安全のためとの説明が可能か、という問題があり、戦闘行為に巻き込まれる可能性も高い」とし、△の評価を下している。

こうした検討を受け、外務省は、米国に掃海艇派遣は難しいとの回答を行った。八月一五日のアマコスト駐日大使と栗山次官の会談において、アマコストは、米国政府から湾岸危機に対する日本の具体的な支援内容について、日本政府の回答を求めるように指示されていた。会談において、アマコストは、栗山に多国籍軍への財政支援、トルコ、エジプト、ヨルダンに対する経済援助、在日米軍経費負担の上積み、そして多国籍軍への人的貢献をもとめた。このときにアマコストが提示した負担要請は、前日にブッシュ大統領が提示したものと同様のものであった。

アマコストの要請に対して、栗山は、政府内の協議を経なければならないとした上で、財政的な支援とそれ以外の支援について、前向きな姿勢を示した。しかし、栗山は掃海艇派遣に否定的な見解を示した。彼は、外務審議官として関わった一九八七年のペルシャ湾安全航行問題での経験から、戦争に巻き込まれるかもしれない状況の中での掃海艇派遣は難しいと考えていた。同様のことを考えたのが、石原信雄（のぶお）官房副長官であった。石原も一九八七年の経験から掃海艇派遣は難しいと考えていた。一九八七年当時の記憶は当事者でない者たちにも、掃海艇派遣の困難さを示すものとして、残されたのである。こうした背景から、彼らは掃海艇派遣が現実的に難しいと考え、派遣に消極的であった。また、海部首相も自衛隊派遣に消極的な対応を取っていた。そのため、日本政府は現行憲法下で行える範囲の支援策を模索することとなった。この点については、国連平和協力法案の策定過程を述べる中で考察する。

掃海艇派遣に消極的な人々がいる一方で、掃海艇派遣を後押しする動きもあった。例えば、自由民主党の幹事長であった小沢一郎は、掃海艇派遣を主張していた。彼は、日本は経済大国であり、その身の丈にあった貢献をなすべきであると考えていた。このような考えに立った上で、彼らは自衛隊派遣を後押ししたのである。

しかし、この時点では、自衛隊派遣を後押しする声が強いわけではなかった。むしろ、海部や栗山に代表されるように、自衛隊派遣に消極的な意見が強かったと言えよう。結局、海部や栗山の判断に従い、掃海艇派遣は選択肢から外れた。

## †資金援助

日本が掃海艇派遣を拒否したことは、米国に人的貢献以外の支援に対する期待を高める結果となった。先述のように、米国は一九八七年の経験から、掃海艇であれば派遣できるのではないかと考えていたが、同時に憲法上それが難しいことも理解していた。しかし、それは日本が何の支援もしないことを認めていたわけではない。前述のアマコスト大使の回想にあるように、米国は、日本が掃海艇を拒否したのならば、より多くの支援を行うであろうとの期待を持っていた。日本が掃海艇派遣を拒んだことで、米国の日本に対する期待値を上げる結果を生んだと言えよう。

米国の支援要請に対して、日本政府は水面下で検討を開始した。九月一八日に安全保障会議議員懇談会が開催され、外務省や防衛庁は中東情勢を報告した。安全保障会議ではなく、安全保障会議議員懇談会が開催されたのは、外務省等がすでに湾岸危機に対応しており、安全保障会議を開催する状況にないという判断からであった。実際、懇談会では、外務省と防衛庁から中東の軍事情勢についての報告が行われるのみであり、具体的な支援策については話し合われなかった。

具体的な支援策については、外務省を中心として水面下で検討を行っていた。掃海艇派遣以外の支援策を検討するために外務省は、渡辺幸治外務審議官の下、タスクフォースを結成して協議した。タスクフォースは中近東アフリカ局を中心に、北米局、国連局、そして経済局から構成されていた。湾岸危機に対する日本側の支援策については、北米局が中心となった。これは八月八日にイラクのフセイン大統領が日本人などの各国のイラク滞在者を人間の盾にすると発表して以降、中近東アフリカ局が人質問題に集中せざるを得なくなってしまったためである。

タスクフォースの検討の結果、日本政府は輸送協力、物資協力、医療協力、そして資金協力の四本柱を行うことを決定し、八月二九日に発表した。この中で注目されていたのが、資金協力だった。八月三〇日（米国東部時間、日本時間では八月三一日）にブッシュ大統領が記者会見において、日本をはじめとした国々に対して、多国籍軍の費用負担を求めたことを明らかにした。自衛隊派遣ができない以上、どれほどの金額を日本政府が提示するかに注目が集まっていたが、八月二九日に日本政府が発表した湾岸危機への支援策では金額が明示されなかったため、米国ではメディアや議会を中心として、日本政府に批判の声が上がった。翌三〇日、坂本三十次官房長官が記者会見を行い、一〇億ドル拠出することを発表した。日本政府としては、米国が日本に、これ以上の不信感を持つことを防ぐ意図があったとされる。

しかし、今度は一〇億ドルという金額が、米国メディアや議会の批判を呼ぶこととなった。例えば、ニューヨーク・タイムズは社説で、「海部首相が大蔵官僚を説き伏せない限り、日本がイラクの侵略に抵抗するという十分な姿勢を見せることはできない」と日本の姿勢を厳しく批判した。こうして、日本政府の資金協力は、策定までに時間がかかったということと、その額をめぐって、米国メディアなどの批判に晒されたのである。

## †物質援助

資金協力の具体案が策定される一方、他の支援策も具体化に向けて動き出したが、その中でそれが憲法違反であるかどうかということが議論となった。日本政府は支援策について、憲法違反とならない範囲で行うことを決定していた。大森政輔（まさすけ）内閣法制局第一部長は八月三一日の衆議院内閣委員会において、「物資の供与あるいは物資の輸送についてはどうかということにつきましても、先般閣議了解の上発表されました貢献策が予定しているものは、もちろん憲法九条が禁止している武力の行使ないしはそれと一体となる行為には当たらない、逆に言いますと、そういう憲法の枠内で具体的な細目が決められる予定になっているというふうに私どもは理解している次第でございます」と述べた。政府は物資協力と輸送協力については、憲法の枠内で決定されると考えていたのである。

　政府の見解に対して、野党は支援策が憲法違反であるとして、政府を攻撃した。例えば、共産党の吉川春子参議院議員は九月四日の参議院内閣委員会において、民間船もしくは民間航空機をチャーターし、武器、弾薬、兵員を輸送するのかどうかを質問した。政府委員として答弁を行った丹波實（たんばみのる）北米局審議官は「日本政府がチャーターするものにつきましては武器、弾薬、兵員等の輸送は考えてございません」と述べ、武器等の輸送を否定した。しかし、吉川議員は答弁に納得せず、支援策が憲法違反であるとして政府を攻撃した。輸送協力について、政府は憲法問題や野党の批判を回避するために、武器、弾薬等を運ばないという形で、輸送協力に制約を課すことになったのである。

　これらの議論を経て、輸送協力は具体化したが、航空便による輸送は早々に頓挫した。日本政府は多国籍軍への輸送協力について、自衛隊を用いることは考えていなかった。そのため、民間企業を使うことを模索する。当初、外務省は、日本航空のチャーター便を飛ばすことを検討した。日本航空は政府の要請に応じたが、出発地を成田空港とすること、輸送するのは非軍事物資だけなどさまざまな制約がつくこととなった。こうした中で、日本航空がこのような対応を取ったのは、戦争協力と受け取られることへの懸念と、自社の社員の安全への配慮からであった。当時、クウェートに滞在していた自社の社員がイラクに移送され、人質とされていたこともあり、日本航空は慎重な姿勢に終始していたのである。

航空機同様、船便を使っての輸送も順調には進まなかった。日本政府が船便を手配したのは米国政府の要請から一カ月半も過ぎてからであり、その上、船便には武器弾薬を積むことができなかった。また、政府がチャーターした「平戸丸」がペルシャ湾口に到着すると、ペルシャ湾が危険だという理由で、船員がペルシャ湾に入るのを拒否するという始末であった。輸送協力について、日本政府の対応は悉く後手に回り、かえって日本政府への不信感を高める結果となってしまったのである。

輸送協力と異なり、物資協力は、トラブルがあったものの概ね好評であった。外務省も物資協力を自衛隊が出せない中で、多国籍軍に直接支援を行うものとして重要視していた。例えば、栗山次官は、一九九〇年八月三一日のアマコスト大使との意見交換において、「本件協力は多国籍軍の現場の需要を直接満たすものであり、PR的にも優れており、大いに力を入れたいと思っている」と物資協力の重要性を述べた。当時北米一課長として物資協力に関わった岡本行夫も、「苦肉の策ではありましたが、こうすることで日本も「汗をかく」ことになる」と述べている。

## †アメリカの反応

外務省は、物資協力を、自衛隊派遣ができない中で、日本が多国籍軍への支援を行っていることを示す手段と考えていた。輸送協力と同様に物資協力も非軍事物資に限られていた。しかし、輸送協力と異なり、非軍事物資に限定されていても、商社などで後方支援物資を調達し、それを素早く現地に輸送するシステムは、現地の米軍にとって使い勝手の良いものであった。戦争終結後の一九九一年八月下旬、多国籍軍の司令官であったシュワルツコフは、感謝状を当時物資協力チーム担当の宮家邦彦首席事務官宛に送付している。また、ニューヨーク・タイムズも九月三日に日本の物資協力を紹介し、日本が資金協力以外にも多国籍軍に支援を行っていることを評価した。ニューヨーク・タイムズの記事が掲載された背景には、岡本行夫北米一課長の働きかけがあったことが指摘されているが、裏付けとなる公文書は、今のところ公開されていない。

物資協力にシュワルツコフが謝意を示していたとはいえ、トラブルがないわけではなかった。米軍の要請を受けて調達した四輪駆動車の輸送時に、全日本海員組合が出港を拒否する問題が発生した。この問題は結局、全日本海員組合と政府の間で合意が成立し、輸送に成功することができた。

物資協力について、現地の部隊からは、概ね高い評価を得ていたが、日本政府が日本の支援をアピールすることは難しかった。岡本行夫北米一課長は、「国会審議を恐れる人が多すぎたため、日本の支援を表に出すことができなかった」と回想している。先述のように社会党や共産党は日本が憲法違反を行っているとして、政府を激しく攻撃していた。こうした中で、日本の支援をアピールすることは、野党に格好の攻撃材料を与える結果を生んでしまうことは事実であった。

米国政府は、日本政府の湾岸危機における対応について、支持を表明していた。八月三〇日の記者会見においてブッシュ大統領は「資金負担だけでは不十分ということはない」とした上で、「日本の制約について理解を示している」と述べた。また、リチャード・チェイニー国防長官は九月二六日に全米企業エコノミスト協会（National Association of Business Economist）の会合において、「日本が米国の中東でのオペレーションに賛同している」と述べるとともに、日本が国内政治上の制約を抱えていることに理解を示した。

米国政府は、日本の支援策に理解を示す一方、日本政府の対応に不満を示すこともあった。九月一九日にリチャード・ソロモン国務次官補（アジア太平洋担当）は議会において、日本政府が多国籍軍への資金負担を決定するまでに六週間を要したことに懸念を表明した。その上で、日本の憲法の制約に対して理解を示しながらも、現時点においては日本政府の協力のレベルは低いと述べた。

米国政府は、湾岸危機において自らの政治的正統性を担保するため、日本政府が米国を支援することを期待していた。しかし、米国が求めた掃海艇派遣は実現せず、多国籍軍への資金協力は米国の期待よりも低い額に止まっていた。そのため、米国政府は湾岸危機に対する日本政府の支援に満足することはできなかったのである。

米国政府の要望は、一〇億ドルに止まらなかった。九月五日にキミット国務次官は村田駐米大使と会談し、七日にブレイディ財務長官が特使として日本に到着することを報告した。この会談において、キミットはブレイディ訪問の際、日本政府がさらなる支援策を提示するよう考慮して欲しいと要望した。九月七日にブレイディ財務長官は橋本龍太郎大蔵大臣と会談し、多国籍軍支援としてさらに一〇億ドル、エジプトをはじめとした周辺諸国への支援として二〇億ドルの拠出を求めた。会談において、橋本蔵相はブレイディ長官の要請に即答することはできなかった。そのため、ブレイディ長官はかなり気色(けしき)ばんだ発言をし、さらなる資金協力を強く求めたとされている。しかし、橋本蔵相は「検討する」と返答することしかできなかった。

## †米国議会の批判

日本政府での検討の結果、九月一四日に多国籍軍への資金負担として一〇億ドル、周辺諸国への経済協力として三〇億ドルの拠出が発表された。日本政府は結果として、米国政府の要請を受け入れた。しかし、日本政府の発表のタイミングは、最悪であった。二日前の九月一二日に、民主党のデビッド・ボニアー下院議員が提出した日本に在日米軍駐留経費の全額負担を求める決議案が下院の本会議で可決された。決議案は日本に圧力をかけることを目的としたものであり、決議案可決の二日後に日本が支援策を発表したことは、あたかも日本政府が米国の圧力に屈したような状況となってしまった。ソロモン国務次官補はこの状況を指して、「日本の決定を誘い出す唯一の方法は、日本たたきであるとする見方を補強することになってしまった」と九月一九日の下院アジア太平洋小委員会で証言している。奇しくも、一九八七年のペルシャ湾安全航行問題で外務省が予想した最悪のシナリオが現実となってしまったのである。

湾岸危機の勃発以降、米国議会では日本の支援が不十分であるとして、議員らが日本への批判を繰り返した。特に中心となったのが、日本の輸出製品に圧迫を受けていた地域選出の議員たちであった。例えば、九月一二日に、日本に在日米軍駐留経費の全額負担決議案を提案したデビッド・ボニアー下院議員は、自動車産業が盛んなデトロイトの出身であった。一方、日本製品と競合する産業を有していない地域では、日本に対する批判の声は小さかった。当時、ボストン総領事を務めていた法眼健作は、後に、「ボストンにおいては日本に対する批判の声はなかった」と回想している。このように日本の湾岸危機に対する支援への批判には地域差があったと言えよう。この地域差は、米国議会の動きにも反映され、議会では日本の貿易攻勢を受けている地域の議員たちが日本批判の中心となっていたのである。

## †国防総省・米軍の評価

日本政府の支援が、まったく意味のないものであったかというと、そうとは言えない。米国中央軍司令官として、多国籍軍を指揮したノーマン・シュワルツコフ大将は後に、「日本のおかげがなかったら〈砂漠の盾〉は八月中に破産していたはずだ」と回想し、日本の支援に謝意を示している。多国籍軍の立ち上げにおいて、莫大な費用が必要であった。しかし、備品の契約のために必要な現金は司令部にはなく、支出の際にはその都度、ワシントンの承認が必要であった。そうした中で、「リヤドの日本大使館は黙々と何千万ドルを中東司令部の口座に振り込んでいた」のである。こうした日本の行動を現地では評価していたのである。

また、国防総省も、日本の資金協力や物資支援を評価していた。アトウッド国防副長官の日本訪問に際して、国防総省は、砂漠の盾作戦における日本の支援についてまとめた文書を作成している。この中で、国防総省は、「湾岸危機における日本政府の対応に批判が加えられている」とした上で、「日本の外務省は素晴らしい仕事ぶり（excellent job）を示している」と、外務省による多国籍軍への支援活動を評価した。

国防総省や現地の米軍が日本の支援を評価していたにもかかわらず、なぜ米国社会や米国議会は、日本を批判し続けたのだろうか。その背景として、当時の日米の経済関係を指摘できよう。当時の米国は、財政と国際収支の「双子の赤字」を抱えており、財政難に苦しんでいた。一方、日本はバブル経済の只中にあり、さらなる経済的な発展を遂げていた。こうした中で日米経済摩擦が激化し、湾岸危機勃発直前の六月に、日米構造協議が妥結したのである。

### ✝米国政府のジレンマ

議会の動きに対して、米国政府は、どのように反応したのであろうか。これまで述べてきたように、米国政府は日本の対応を支持していた。しかし、米国政府も、日本の資金協力を必要とし、さらなる支援を求めていた。当時国務長官であったジェームズ・ベーカー国務長官は、「米国の活動に必要な数十億ドルの資金を賄うためには、少なくとも日本や西独などの経済大国を関与させることが是非とも必要であった」と振り返っている。その上で、ベーカーは、「米国内にはドイツと日本が多国籍軍に参加しないことに対する批判があった。そこでその批判を梃子として、見返りとしてドイツと日本からより多額の経済援助を引き出すことができるはずであった」と述べている。米国政府は、米国議会の批判を背景として、日本にさらなる支援を求めたのである。

こうした米国の姿勢は、思わぬジレンマに囚われることになった。米国議会や世論が日本を批判することにより、ブッシュ政権は、日本国内で反米感情が発生し、日米関係を傷つけかねないと考えるようになった。そしてそのことが、米国政府に日本への圧力を慎重にさせたのである。

湾岸戦争停戦後の一九九一年三月二八日に行われた小沢一郎自民党幹事長とブッシュ大統領の会談は、このような米国の姿勢を浮き彫りにした。このとき、小沢は米国内に日本に対する批判があること、そして日本国内に反米感情が生まれていることを指摘した。加えて、湾岸危機を経て、日本人の意識が変わってきており、日本は完全な同盟国としての責務を果たそうとしていると述べた。小沢は一貫して日本の貢献、特に自衛隊派遣の必要性を指摘していた。ロバート・ゲーツ国家安全保障問題担当大統領次席補佐官は湾岸危機以降の小沢の取り組みについて日米間の懸案を緩和させたとの評価をしている。

他方、湾岸危機以降の日本の関与に対する米国内の批判について、ゲーツは、そのことは承知しているが、政府高官の間にはそのような声は存在しないと述べ、小沢の懸念を打ち消そうとした。

会談に遅れて参加したブッシュ大統領も、日本の湾岸危機における財政支援に対しては大変感謝している（very grateful）と述べた。その上で湾岸危機以降、日本国内において反米感情が生じているとの懸念を示した。

翌週に行われた海部・ブッシュ会談においても、ブッシュ大統領は日本の湾岸危機以降の貢献に対する謝意を示した。その上で日本国内に反米感情が起こっていることに対する懸念を表明している。

ゲーツやブッシュの発言の背景には、湾岸危機以降に米国内で繰り広げられた日本に対する批判が日米関係を傷つけるのではないかとの懸念があった。海部・ブッシュ会談に先立ち、ロジャー・B・ポーター経済および国内問題担当大統領補佐官は鈴木直道（なおみち）通商産業省審議官と会談した際に、日本が日米関係の弱体化を心配していた旨を報告し、現状の日本は湾岸危機への対応を失敗したと考えており、米国が支援と友情を示せば今後日本の通商関係への協力を引き出すことができるとしている。米国政府は、日米間の協調をさらに強めるためにも、湾岸危機以降の日本の対応を評価するとともに、国内における反日の動きへの日本側の懸念を和らげようとしていたと言えよう。

湾岸危機以降、米国議会やメディアとは異なり、米国政府は一貫して、日本政府の姿勢を支持する公式声明を発表し続けていた。しかし、日本国内では自らの支援を米国にアピールする必要があるという意見が出されるようになっていた。こうした中で、日本は人的貢献実施を模索することになったのである。

## †国連平和協力法

日本政府は、資金協力等の支援だけでなく、自衛隊を活用しない形での人的貢献についても模索した。それが具体化したのが国連平和協力法案であった。「国連平和協力法」は新たに平和協力隊を創設し、多国籍軍の後方支援を行うことを目的としていた。外務省では、一九九〇年八月から国連局や条約局を中心に、法案作成に向けた準備が進められた。国連局が中心となったのは、国連平和維持活動についての研究を行っていたためであった。

国連平和協力法に強く反対していたのが、内閣法制局であった。内閣法制局は、多国籍軍との協力は、他の国の武力行使と一体化すると考えていた。法制局は、他国との武力行使の一体化は集団的自衛権の行使に当たるとして強く反対したのである。この点については、外務省は国連決議の枠内で行うので、集団安全保障であり、国家が個別に持っている集団的自衛権の行使には当たらないと反論した。また、後方支援に限定することで、武力行使との一体化を懸念する内閣法制局に配慮した。結局、内閣法制局は後方支援に限定することで、法案に渋々同意したのである。

## †自衛隊をどのように参加させるのか

法案作成をめぐっては、他にも対立点を抱えていた。大きな問題となっていたのが平和協力隊に自衛官をどのように参加させるのかという問題であった。当初、海部首相や栗山次官を中心とした外務省は、「国連平和協力隊」という別組織を設立し、PKO活動を行うことを考えたが、このときに問題となったのが、参加する自衛隊員の身分であったのである。

平和協力隊に参加する自衛官の扱いをシビリアンとすることにこだわっていたのは、海部首相や、栗山外務次官などであった。海部首相は、人的貢献について、青年海外協力隊のイメージでいた。そのため、自衛官の参加や武装の可否については慎重な姿勢を取っていた。自衛官の参加に慎重であったのは、海部首相だけではない、後藤田正晴などの長老議員も同様であった。

外務省でも、平和協力隊は、シビリアンから構成されるべきであると考える人々がいた。栗山外務次官や渡辺幸治外務審議官、そして小和田恆外務審議官は、海部首相と同様に自衛官ではなく、シビリアンをもって、平和協力隊に参加させるべきであると考えていた。彼らがそのように考えたのは、自衛官を派遣すると、国内世論と中国や韓国をはじめ、アジア・太平洋戦争中に日本の占領下に置かれた周辺諸国からの反発を浴びる恐れがあるということ、そして自衛隊を参加させると、それまで専守防衛に徹していた日本の安全保障政策に根本的な変更を迫ることになるという理由であった。

一方で、自衛隊の活用に積極的であったのが、小沢一郎幹事長や西岡武夫総務会長、山崎拓自民党安全保障調査会長代理であった。小沢幹事長は、国際協調の観点から自衛隊派遣に動くべきであると考えていた。

外務省では、佐藤嘉恭官房長、丹波實北米局審議官などは、自衛隊派遣について積極的であった。彼らは経済大国として日本も指導力を発揮しなければならないと考えていた。いずれにせよ、彼らにとって自衛官をシビリアンとして平和協力隊に参加させるという意見には賛成できなかった。

この間、防衛庁の意見は、政権にほとんど反映されなかった。防衛庁は、依田智治事務次官をはじめ、当初、自衛隊法改正を主張していた。しかし、政府内でも自衛隊法改正をめぐっては海部首相などの反対が強く、結局は、国連平和協力法の制定で済ませることとなった。防衛庁の意見はほとんど省みられなかった。八月下旬に開かれた国連平和協力法作成のための関係省庁会議には招かれず、防衛庁が参加したのは九月一三日になってからであった。九月まで、防衛庁は蚊帳の外に置かれていたのである。

防衛庁は、ここで参加しても晒し者にされてしまうだけであるとして、参加に及び腰であった。しかし、自衛隊を活用すべきであるとの声が政府内で多くなるにつれ、防衛庁も国連平和協力法作成に向けての議論に加わることとなったのである。

防衛庁は、法案において、平和協力隊への自衛官の参加については、部隊での参加を主張していた。防衛庁がそのように主張したのは、後方支援などの任務に対して、シビリアンでは対処しきれない、また、自衛官の身分を外れての参加となると、自衛官の士気にかかわるという理由からであった。防衛庁は、自衛隊法改正が認められなかったとはいえ、自衛隊の組織改変まで容認することはできなかった。防衛庁は、次官や山﨑拓自民党安全保障調査会長代理を通じて、自民党内の有力者に自らの主張を強く訴えていったのである。

この議論は、国際緊急援助隊における議論と同様のものだった。国際緊急援助隊においても、外務省は外交一元化という観点から、指揮命令系統を外務省主導とすることを望んでいた。しかし、警察庁や消防庁の反対を受け、方針を転換せざるを得なかった。平和協力隊においても、このときと同じ議論が外務省と防衛庁の間で繰り広げられたのである。法案では、政府内で激しい議論が行われた結果、自衛官の身分は併任とし、部隊のままで参加させることになった。背景には湾岸危機がエスカレートしており、一刻の猶予も許されなかったこと、そして政権内の実力者であった小沢幹事長や、政権の後ろ盾となっていた竹下派の圧力が大きかったことが挙げられよう。結局、海部首相は彼らを押し切ることはできず、「平和協力隊員」は、自衛隊員のままで併任することとなった。

国連平和協力法案をめぐる問題は、これで決着がついたかに思われたが、法案をめぐる政府内の意見統一が図られたわけではなかった。海部首相は、法案では小沢幹事長をはじめとする積極派に押し切られた結果となったが、心の底から納得していたかどうかは疑問であった。また、栗山次官も納得してはいなかった。さらに内閣法制局も武器を携行しての派遣には強く反対した。国連平和協力法案をめぐる政府内の対立は依然として残されたままだったのである。

### ✝公明党の反応

政府間で意見の食い違いを孕（はら）んだまま、法案は一〇月一六日に国会に提出された。しかし、当時の自民党は、参議院で一〇九議席しか有しておらず、法案成立には、他党との連携が必要だった。こうした中で、自民党は、公明党と民社党の協力を求めた。特に公明党は参議院で二一議席を有しており、公明党との協力により、自民党は、参議院で過半数を得、法案を通過させることができた。公明党が国連平和協力法案の成立の鍵を握っていたのである。

それでは、法案に対して、公明党はいかなる反応を示したのであろうか。公明党は当初、この法案に対して、積極的とまではいわないものの、前向きな姿勢を示していた。公明党の石田幸四郎委員長は、九月七日の自動車総連（全日本自動車産業労働組合総連合会）の定期大会で、「国際協力の方向性を作っていきたい」とした上で、政府が検討を進めている国連平和協力法案に対して、国会論議に応じる用意のあることを示している。

公明党は、法案には前向きな姿勢を示しているものの、法案は時限立法とし、自衛隊の派遣には反対していた。特に公明党が反対していたのは、平和協力隊員と自衛官の併任だった。公明党は、医療や難民救援の範囲内で、退職自衛官の派遣を認めながらも、非武装自衛官の場合であっても併任は認められないという立場を取っていた。

このように、公明党は、法案に対して前向きな姿勢を示していたものの、政府原案には反対の立場だった。しかし、国会、特に参議院では、自民党の議席が過半数に達しておらず、法案成立に協力的だった民社党を足しても、法案通過は難しい状況だった。そのため、国連平和協力法が成立するかどうかは、公明党の対応にかかっていたと言えよう。

しかし、公明党は国連平和協力法案に対して、併任は認められないとして、あくまで反対の立場を崩さなかった。結局、公明党は、自民党との修正協議に応じることはなく、廃案を目指すこととなった。こうした公明党の反対姿勢もあり、国連平和協力法案は、一一月九日に審議未了として、廃案を余儀なくされたのである。

一一月八日に国連平和協力法は廃案となったが、それは日本のPKO参加が閉ざされたということを意味したわけではない。公明党は、法案が廃案となった後に、与野党協議に応じることには、前向きな反応を示していた。また、自民党の小沢幹事長も、法案を作り直す用意があることを示していた。法案が廃案となった後も、自民党と公明党の協力関係は維持されたのである。

そして、この協力関係は、日本のPKO政策に影響を与えることとなった。それが、「三党合意」である。廃案となった一一月八日に、自民党、公明党、民社党は合意文書(三党合意)を交わしていた。三党合意は、人的協力の必要性に関する認識を示した上で、①国連中心主義を貫く、②国連平和維持活動に対する協力と国連決議に関連する人道的な救援活動に関する協力および国際緊急援助隊派遣法の定める災害救助活動に従事する組織を自衛隊とは別個に組織する、③合意した原則に基づき立法作業に着手し、早急に成案を得るように努力する、というものであった。この三党合意は、その後のPKO協力法に影響を及ぼしたのである。

### †湾岸戦争の勃発と被災民救援の挫折

一九九一年一月一七日に、多国籍軍がイラクへの攻撃を開始すると、自衛隊機派遣問題が議論された。海部首相は被災民輸送のために自衛隊機の派遣検討を指示した。被災民救援にあたっては、現行法をもとに対応するとし、法改正などの措置を伴わないとした。

首相の指示を受け、日本政府内で法的根拠検討が本格化する。これに対して、防衛庁は自衛隊法一〇〇条を根拠に、国の委託で輸送が可能との見解を示した。一方、内閣法制局は防衛庁の法解釈では難しく、自衛隊法一〇〇条五にある国賓等の輸送の用に被災民を含めることを時限政令で定めるべきとの見解を示した。

日本政府は二二日に法制局の意見に沿う形で被災民救援のために輸送機を派遣する方針を固め、二四日の安全保障会議で国際移住機関（ＩＯＭ）の要請があり、民間機で対応できない場合は被災民輸送に自衛隊機を派遣することを決めた。

とはいえ、ＩＯＭからの輸送要請はなかった。湾岸戦争が短期間で終結したために、避難民がヨルダンなどの近隣諸国に殺到することはなかった。また、戦争が局地化されたために、民間航空路が維持されたためである。こうして、自衛隊機派遣は実現しないまま、政令は四月に廃止された。

## †多国籍軍への資金協力問題

湾岸戦争勃発で問題となったのは、資金協力だった。開戦から一週間後の一月二四日に日本政府は海部首相、小沢一郎幹事長らによる政府・自民党首脳会議を開き、湾岸支援策として従来の拠出分に加え、新たに九〇億ドルの拠出を行うことを決定した。この決定においては、平成二年度補正予算および臨時増税を行うことにより、資金を拠出することが定められていた。

このとき、当面の戦費として九〇億ドルの拠出が決定されたが、九〇億ドルはどのように積算されたのであろうか。海部は後に、九〇億ドルの算定根拠として、米議会の委員会の試算を参考にしたことを語っている。一方、当時駐米大使だった村田良平はさまざまな情報がある中で、総合的にこれらの情報を分析し、戦闘期間を九〇日、一日の経費を五億ドルと仮定し、戦費は計四五〇億ドルになると想定していたと回想している。日本政府は湾岸危機以降に多国籍軍経費の二割を負担していたため、日本政府は湾岸戦争においても、湾岸危機と同等の負担を求められると考え、試算の二割に当たる九〇億ドルの負担を米国政府は要請すると考えていた。

米国政府が日本政府に戦費負担を要請したのは、二一日に行われた橋本龍太郎蔵相とニコラス・フレデリック・ブレイディ財務長官の会談だった。このとき、橋本は「米国側が数字を出してきたときは値切らない」という方針で行くことを決意していた。橋本は当時を振り返り、「平時だったら絶対に値切る。だけど弾丸が飛び出したら、それはない」と述懐している。橋本は、同盟国としての支援を示そうとしたと理解することができよう。橋本が国内に相談を求めずに合意してしまったことに対して、自民党内から批判が寄せられた。しかし、結局、日本政府としても橋本・ブレイディ会談の結果を追認し、九〇億ドルを拠出することに決定したのである。

一月二四日の決定を受け、三一日に具体的な拠出方法などを定めた「湾岸地域における平和回復活動に対する我が国の支援に係る財源措置の大綱」が決定された。大綱においては、財源措置について、石油税、法人税、およびたばこ税の一年限りの臨時増税により拠出金を捻出すること、そして税収を確保するまでの間はつなぎとして、短期国債を発行することが定められた。また、政府案は一九九〇年度第二次補正予算と一九九一年度予算から拠出することを想定していた。追加資金協力は本来、一九九〇年度予算の範疇の問題だった。しかし、湾岸への追加資金拠出に関する法案で行われる措置の中に一九九一年度の国債整理基金特別会計予算の修正が必要となるものがあった。そのため、一九九〇年度と一九九一年度に跨る(またが)こととなった。当初、政府案では、財源の捻出は増税に頼ること、そして一九九〇年度補正予算と一九九一年度予算から拠出することとしたのである。

しかし、当時は、参議院で自民党が過半数を占めていなかったために、野党の協力を必要としており、九〇億ドルの追加拠出は簡単には決まらなかった。当時、衆議院では自民党が過半数を占めていたものの、参議院では自民党は過半数を割り込んでいた。この状況は追加拠出において、大きな問題となっていた。補正予算自体は衆議院の優越により成立するものの、財源関連法案は参議院の議決を経なければ、成立しなかった。当然、財源関連法案が成立しないという状況もありえた。そのため、大蔵省では、補正予算が成立し、財源法案が成立しなかった場合の追加拠出の方法についても議論が行われた。まず、追加拠出の可否について、大蔵省は、財源法案は歳入に関する権限を定めたものであり、歳出に関する権限は補正予算によって付与されるため、拠出に問題はないとしていた。そして、三月三一日の年度末の時点で法案が成立しなくて追加拠出に違法性はないと考えていた。その上で、法案が成立しなかった場合は、新たな特例公債法案を提出するとともに、決算調整資金によって補填するとしていた。実際に、この時点では、財源法案が成立しない事態も十分ありえたのである。

## †財源問題と公明党

こうした状況の中で、自民党は、公明党と民社党の協力を求めた。この中で重要だったのは、公明党の動向だった。公明党内でも、湾岸平和基金への九〇億ドルの追加拠出について、党内で議論が行われていた。追加支援について、反対の声が強かったものの、結局、公明党は支援に賛成した。公明党の賛成の背景として、法案が成立しなかったときの国民の反応を懸念したことを指摘する声がある。もし、公明党が反対し、法案が成立しなかった場合、日米関係に悪影響を与える可能性がある。そのとき、国民の批判は公明党に集まる恐れがある。公明党はそのような状況になることを懸念し、追加支援に賛成したのである。

追加支援に賛成したとはいえ、公明党から、政府案に要望が加えられていた。公明党の要望は、追加支援を武器や弾薬の購入に充てないこと、そして、追加支援拠出は、増税以外でも捻出することの二点であった。追加支援が、弾薬や武器を購入するために使われること、そして、増税のみで賄うことについては、統一地方選挙を控えていることもあり、公明党内でも批判が強かった。そのため、一月二八日の衆議院本会議で、公明党は増税ではなく、国債と防衛費の削減によって追加拠出を捻出することを求めたのである。

公明党の防衛費削減要求に対して、防衛庁や国防族議員は抵抗した。柿澤弘治自民党国防部会長は加藤六月政調会長に対して、防衛関連予算を削減することは認められないとする申し入れを行った。また、池田行彦防衛庁長官も、防衛費削減に対して、抵抗した。

しかし、公明党の協力がなければ財源関連法が成立しないという状況に変わりはなかった。また、公明党との協力体制ができれば平成三年度予算等、他の懸案についても、公明党の協力が期待できた。そのため、小沢幹事長をはじめとする自民党幹部が中心となり、防衛庁や国防族議員等の反対を押し切り、自民党は防衛費削減を受け入れたのである。

二月一五日に開かれた与野党党首会談において、九〇億ドルの追加拠出について、自民党と公明党、そして民社党の三党は合意した。この合意において、追加支援への拠出方法について、歳出削減により約二〇〇〇億円、予備費の減額により約二〇〇〇億円、そして防衛関係費の減額により約一〇〇〇億円を捻出するとされた。不足分については、石油税および法人税の一年限りの増税を行うこと、そしてつなぎとして短期国債の発行によって資金調達することが定められた。公明党が賛成に回ったことで、参議院で補正予算と財源関連法案（湾岸地域における平和回復活動を支援するため平成二年度において緊急に講ずべき財政上の措置に必要な財源の確保に係る臨時措置に関する法律）が成立し、九〇億ドルの追加拠出が行われることとなった。このときの三党合意により、自民党と公明党、そして民社党のいわゆる「自公民」路線が形成されたのである。

### †九〇億ドルでの支援先と為替をめぐる問題

九〇億ドルの支援策が決定されたが、まだ解決されていない問題があった。まず問題とされたのが、日本の支援は多国籍軍向けなのか、米国のみに対するものなのかという点だった。この点について、ブレイディ財務長官は、全額米国向けであるとしていたが、日本政府は米国のみを対象とせずに多国籍軍向けの支援とするという方針を取っていた。この問題は、結局日本側の見解が通ることとなったが、米国議会では九〇億ドルが全額米国向けではないことに不満が生じたのである。

もう一つの問題は、為替相場の変動による目減り分に関するものだった。大蔵省では予算執行において、円建てで行っていた。しかし、その後ドルが高騰したために為替差益が生じていた。そこで、米国政府は、目減り分の補塡を求めてきたのである。この問題について、大蔵省は九〇億ドル支援の策定過程から、為替差益の問題については認識していたが、あくまでも拠出は日本円が基準であり、為替レートの変動に応じて拠出額を増減することは考えていなかった。また、栗山外務次官もアマコスト駐日大使を通じて、為替レートの問題について説明していた。目減り分の補塡については、米国議会の圧力が強かったというわけではないが、海部総理の決断もあり、結局、日本は五億ドルの追加拠出に応じることとなった。

このように、九〇億ドル支援は橋本蔵相の政治決断によって決定されたが、細部の協議は詰められていなかった。そのため、瑣末な問題が生じてしまった。また、九〇億ドル支援をめぐって、拠出金の使途を武器弾薬の購入以外に限ることや防衛費削減によって九〇億ドルを拠出するとしたときは、米国の不評を買っていた。アマコストは後に「申し出が、気前がよかったにしては、その後に表面化した問題はいかにも粒が小さく、なおかつ、多国籍軍の見せかけの結束のほころびを示すに十分であった」と振り返っている。九〇億ドル支援は迅速な政治決断によって素早く実施されたという意味では、それまでとは異なっていた。しかし、迅速な政治決断であるがゆえに、資金拠出の策定過程で米国との折衝が十分に行われなかったため、瑣末な問題が生じる結果となってしまったのである。

### †掃海艇派遣案の浮上とドイツの掃海艇派遣

湾岸戦争停戦後、掃海艇派遣問題が再燃した。その原因の一つとして、湾岸戦争の停戦を挙げることができる。例えば、栗山外務次官は、湾岸戦争の掃海艇派遣について、「停戦が派遣の前提だった」と振り返っている。一九八七年のペルシャ湾安全航行問題において出された憲法解釈では、平時の掃海艇派遣を認めていたが、戦時の掃海艇派遣は認めていなかった。しかし、停戦が達成されたため、掃海艇派遣を阻害する大きな要素が消滅した。こうした中で、掃海艇派遣に反対していた人々から、栗山のように掃海艇派遣に賛成する者が現れたのである。

また、国連平和協力法案に代表されるように湾岸危機以降、日本政府は、人的貢献を模索し続けていた。しかしながら、憲法の規定や国内世論への配慮等の要因から、紛争状態にある中では、自衛隊を派遣することができなかった。こうした状況の中で、湾岸戦争が停戦となり、やがて戦争が終結すると、自衛隊派遣を阻む最大の要因が解消された。こうした中で、掃海艇派遣案が浮上したのである。

掃海艇派遣案が浮上したきっかけとして、ドイツの動向を挙げることができる。ドイツは湾岸戦争において、開戦前から地中海に掃海艇を派遣したほか、戦闘機をトルコに派遣していた。ドイツは、その他にも多国籍軍に対して、七〇億ドルの財政支援を行っていた。しかし、ドイツは周辺地域に軍隊を派遣したものの、憲法に相当するドイツ基本法でNATO域外での軍事行動が禁止されていたため、湾岸での戦闘には参加していなかった。そのため、財政支援のみで軍事行動に参加しないとして、ニューヨーク・タイムズなどの米英のメディアからの批判に晒されたのである。

ドイツがこのように批判されたのは、ドイツが軍事支援を行わなかったことだけが原因ではなかった。イラクの化学兵器開発やスカッドミサイルの改良に旧西ドイツ企業が協力していた。ドイツは、湾岸での軍事行動に参加せず、イラク側に協力していたとの批判に晒されたのである。また、ドイツへの批判の背景として、ドイツに対する感情的な反発もあったとされる。湾岸戦争開戦前、ドイツ人は日本人などと同様に「人間の盾」としてイラク側に拘束されていた。しかし、ドイツ人の人質は米国人や英国人に先立つ形で解放された。こうした事件が米国のドイツに対する反感を増幅したのである。

湾岸戦争への対応をめぐって、ドイツは諸外国からの批判に晒された。こうした背景から、戦争終結後の一九九一年三月六日、ドイツはペルシャ湾に敷設された機雷を除去するため、掃海艇を派遣したのである。

ドイツの掃海艇派遣は、日本でも報じられ、日本における掃海艇派遣論を再燃させた。当時、日本政府においては、湾岸戦争終結後を見据えた人的貢献策を模索していた。こうした中で行われたドイツの掃海艇派遣は、日本政府に人的貢献としての掃海艇派遣案を再確認させることとなった。例えば、海部首相は「なんとかしなければならん、と思い始めた頃にドイツが回すと行った〔ママ〕でしょう」と述べ、ドイツの派遣が、日本の掃海艇派遣を後押ししたと回想している。栗山外務次官も、「ドイツが出して、日本がどうするかという話になった」と振り返っている。また、石原信雄官房副長官は、後に掃海艇論議が再浮上するきっかけは、「ドイツの派遣だった」と証言している。ドイツが掃海艇を派遣したことは、日本が掃海艇派遣を再検討するきっかけとなったと言えよう。

### †感謝広告問題

掃海艇派遣の他の要因として、湾岸危機以降の日本の支援に対する諸外国、特に米国の評価を指摘できよう。ここでは、諸外国の反応を示す一つの事例を紹介する。湾岸戦争停戦後の一九九一年三月一〇日、駐米クウェート大使館がワシントン・ポストとニューヨーク・タイムズに湾岸戦争における支援国に対する感謝を示す広告を掲載した。記載された三〇カ国に日本の名前はなかった。原因は不明だが、広告に日本が載っていないということへの外務省の衝撃は大きかった。三月一二日に、村田良平駐米大使は、ペルシャ湾への掃海艇派遣を求める公電を外務省に対して発出した。村田は湾岸危機以降に、日本が被った汚名を雪(すす)ぐために掃海艇派遣が望ましいと考えていたのである。

しかしながら、諸外国の反応が、掃海艇派遣につながったと結論付けることはできない。実際、クウェートの感謝広告については、朝日新聞においても夕刊で小さく触れたのみであり、読売新聞などの主要紙は取り上げもしなかった。とはいえ、前述のように当時の日本政府においては、外務省を中心として湾岸戦争終結後、何らかの人的貢献を行わなくてはならないと考えているものが多かった。こうした中で示された感謝広告が、掃海艇派遣を後押ししたことは事実だが、ドイツの掃海艇派遣によって、すでに日本政府内部では掃海艇派遣案の再検討が始まっていた。そのため、感謝広告よりも、ドイツの掃海艇派遣がより強く掃海艇派遣を後押ししたと言えよう。

### †掃海艇派遣に向けた動き

こうした状況を受けて外務省では、掃海艇派遣の議論が活発化した。当初外務省内では、栗山外務次官をはじめとして、掃海艇派遣に慎重な対応を取る人々がいた。しかし、先述のように栗山は湾岸戦争が停戦状態になったことで、掃海艇派遣の障害が取り除かれたと考え、掃海艇派遣を後押しするようになった。

読売新聞は、三月一四日付夕刊で外務省首脳が掃海艇派遣問題について、「自衛隊法に機雷除去の任務規定があり、海上交通の安全確保が目的だから、法改正の必要はなく政策判断の問題だ」と述べたことを報道した。また、一四日午前に自民党本部で開かれた国防部会関係の合同会議において、高須幸雄外務省国際連合局国連政策課長は「国連決議(六八六号）で、国連加盟国はクウェート政府の要請に協力しなければならないとうたっているので、同政府の要請があれば（掃海艇派遣が）できる」（ママ）と発言し、掃海艇派遣が可能であることを示した。同会議において、日吉章防衛庁官房長も「公海上で掃海作業をすること自体は日本政府独自の判断で決断される。公海に接続する領海での作業は各国の了解を要する」と述べ、日本による掃海作業が可能であると述べた。外務省や防衛庁は、掃海艇派遣を後押しするようになったのである。

一方、自民党内でも、国防部会を中心として掃海艇派遣に向けた議論が行われていた。三月一三日に自民党の加藤六月政調会長は、自民党国防部会の要請を受け、政調・政審会長会談において、社会党、民社党、公明党に対し、掃海艇派遣案を取り上げ、各党に検討するよう促した。加藤政調会長の提案に対して、民社党のみが前向きな反応を示した。社会党は強く反対し、公明党は態度を示さなかった。しかし、翌日の自民党国防部会では渡辺派の渡辺美智雄会長が掃海艇派遣に積極的な姿勢を表明し、自民党国防部会を中心に、掃海艇派遣を求める声が高まったのである。

### †掃海艇派遣問題と米国

日本国内において、掃海艇派遣問題が再燃する中、米国は日本政府の動向を傍観していた。三月一三日の政調・政審会長会談において、加藤政調会長が、掃海艇派遣案の検討を各党に促した際、加藤は米国から掃海艇派遣要請があったことをほのめかした。しかし、翌一四日午前の記者会見において、坂本三十次官房長官は、米国の要請はないと加藤の発言を否定した。また、読売新聞の報道によれば、米政府筋が「公式にも、非公式にも日本に派遣を要請したことはない」と発言している。同じ記事において、読売新聞は「湾岸危機以降の自衛隊派遣論議がいずれも実現しなかったことから、掃海艇派遣に半信半疑だった」と指摘している。三月三〇日に行われた栗山外務次官とアマコスト駐日大使の会談において、掃海艇派遣問題について話題が及んだ際、アマコストは「日本側が一〇〇％確信を持てるまでこの問題を話さない方が良い」と述べ、栗山の「静かに検討を続ける」との説明に賛意を示した。アマコスト駐日大使は、掃海艇派遣について「日本はわれわれにうながされることなく、このイニシアティブをとった」と述べている。米国の掃海艇派遣要請はなかったと解釈するべきであろう。

## †掃海艇派遣に向けた外務省の動き

外務省は掃海艇派遣の具体化についての検討を開始した。三月二二日に栗山次官の下、小和田外務審議官や佐藤嘉恭官房長、そして各局の局長や審議官といった外務省の幹部が参加し、掃海艇のペルシャ湾派遣について、次官室で会議を行った。この席上、掃海艇派遣と、①正式停戦との関係、②アジア諸国の反応、③クウェート等からの要請、④総理訪米、都知事選挙とのタイミングについて話し合われた。

まず、掃海艇派遣と正式停戦との関係について、現状をどう理解すれば良いのかが話し合われた。外務省は、戦闘再開の可能性は少ないとみていたとはいえ、イラク内戦との関連でイラク空軍機が撃墜され、イラクの毒ガス使用の際には空爆再開を米軍が示唆していたため、現状を懸念していたのである。これに対して、河村武和国連局審議官は正式の停戦条件を詰めている段階であるとの報告が行われた。

次にアジア諸国との関係については、ASEAN諸国の理解は得られるが、中国、韓国は慎重な対応を求めるとの態度であるとの見解が示された。この上で、これらの諸国にいかなる手を打つのかが問題となるとの結論に至った。

三点目に話し合われたのが、各国に掃海艇派遣要請を求めるかどうかという問題である。柳井俊二条約局長は、クウェート領海内の掃海であるので、クウェートから要請を出してもらうことが望ましいが、それは可能かどうかという質問を行った。これに対して、渡辺允（まこと）中近東アフリカ局長は「クウェイト側の「了承」を得ることは可能だが、クウェイトの要請を出されることは、緊急物資供与についても、ごたごたした経緯があるため、難しい」と回答した。小和田外務審議官は「要請はあった方が良い気もするが、法律的には第三国からの要請は必要ない」と述べ、加藤良三大臣官房総務課長は「掃海艇の派遣は自主的判断に基づき早急に決定すべきであり、要請を得る過程でクウェイトとの間で貸し借り関係ができるというのは適当でない」と発言した。クウェートからの掃海艇派遣要請については、要請があった方が良いが、それほど必要としないという意見が大勢だったと言えよう。

四点目の総理訪米、都知事選挙とのタイミングについては、政治的決断が必要との意見が示された。加藤総務課長は、都知事選の四月七日まで待つことは、現地の掃海作業のピークが過ぎること、三月末の小沢幹事長訪米時の発言との兼ね合いから問題があるとの見解を示した。他方、小和田外務審議官は、「総理の訪米と都知事選挙との間隔は一週間、あるいは数日間程度であり、総理訪米時には内々の話として述べておいて、都知事選挙後に国内的に打ち出していけば良いのではないか」と述べ、都知事選後でも問題はないとの見解を示した。いずれにせよ、掃海艇派遣については、総理の決断が必要という点に変わりはなかったのである。

この他の問題として、法的な問題があったが、この点について、外務省と内閣法制局の間で検討が行われた。三月二六日に栗山外務次官は海部総理の指示を受け、工藤敦夫内閣法制局長官と掃海艇派遣問題を協議した。この席上、栗山は掃海艇派遣の経緯と湾岸戦争停戦後のペルシャ湾の状況を説明し、四月七日の都知事選後になるべく早く結論を出す必要があるとして、前向きの検討を求めた。これに対して、工藤長官は、「一九八七年のペルシャ湾安全航行問題の際に出された政府答弁を原点に考えると法的にはそれほどきつく考える必要はない」と述べた。同席した大森政輔内閣法制局第一部部長からは、「掃海艇派遣の法的根拠は、日本としての警察行動を定めた自衛隊法第九九条であり、国連決議や国際協力を根拠とすることは問題となる」「国会においては一九五四年の「自衛隊の海外出動をなさざる決議」との兼ね合いが問題となるのではないか」との見解が示された。

掃海艇派遣については一九八七年のペルシャ湾安全航行問題時に出された政府答弁書を元にして、憲法、自衛隊法上問題はないとの見解が示された。ここで興味深いのは、国際協力を根拠とすることを回避する姿勢を、内閣法制局が示した点である。内閣法制局は、掃海艇派遣の根拠を、自衛隊法九九条においた。自衛隊法は、あくまでも日本における自衛隊の活動を規定したものであり、この法を根拠とする際には、国連決議や他国の要請を必要としなかったのである。

## †防衛庁・海上自衛隊の掃海艇派遣に向けた動き

防衛庁では準備命令が出る以前に掃海艇派遣に向けて準備が進められていた。海上自衛隊で掃海艇派遣に向けた動きが開始されたのは、自民党内から掃海艇派遣の機運が盛り上がりつつあった三月のことだった。三月に入り、海上幕僚監部と自衛艦隊、第一掃海隊群、関係総監部を含む形で掃海艇派遣の準備が開始された。当時、海上幕僚長だった佐久間一(まこと)は、池田長官による準備指示がなされたのは四月一六日だが、実際の作業は長官指示よりも早く三月一日に開始されたと証言している。

準備指示が出される前から、海上自衛隊が掃海艇派遣の検討を進めていたことには理由があった。まず、派遣命令が発出された場合に即座に反応するため、前もって準備をしておく必要があった。部隊の編成や航海計画の準備等、部隊の派遣にはさまざまな準備が必要となる。しかし、命令が出されてから派遣準備を行う場合、即座に対応することができない。そのため、命令発出前に可能な準備を行ったのである。

海上自衛隊が準備を急いだそれ以外の理由に、他の掃海艇派遣国との関係や航路上の気象条件を挙げることができる。当時海上幕僚長だった佐久間一は準備を急いだ理由として、掃海艇派遣のタイミングと気象条件を挙げている。すでに米、英をはじめとした各国がペルシャ湾で掃海活動を行っていた。日本と同じく多国籍軍に部隊を派遣していなかったドイツの掃海部隊が三月六日にペルシャ湾に派遣することが決定されていた。佐久間はこれ以上日本の派遣が遅れた場合、掃海艇派遣の意味がなくなってしまうと考えた。また、四月を過ぎるとインド洋では、モンスーンとサイクロンが発生し、海が荒れることが予想された。派遣される掃海艇は五〇〇トンクラスの小さな船であり、荒れた海を航海するとさらに到着が遅れる可能性があった。そのため、日本の掃海艇は可能な限り早く派遣する必要があったのである。

これらの理由から、海上自衛隊内では、三月から掃海艇派遣に向けた準備が進められていた。掃海艇派遣命令がいつ下るかはまだはっきりとしなかったが、一応の基準を四月末に定め、準備が行われた。このとき検討されたのは航海計画や部隊編成など多岐にわたっていた。この検討においては、一九八七年に掃海艇派遣が検討された際の計画が参考とされた。一九八七年の計画と実際の派遣では、護衛艦を随伴するか否かが異なっているだけだった。護衛艦の派遣は憲法に触れる恐れがあったため、断念せざるを得なかった。そのため、結局は掃海母艦「はやせ」、〝はつしま型〟掃海艇四隻「ひこしま」「ゆりしま」「あわしま」「さくしま」、そして補給艦「ときわ」の計六隻が派遣されることになった。このとき、小型の掃海艇を大型船に積み込んで移動させることも検討されたが、予算の問題と掃海艇を積み込める船の調達の目処がつかなかったために断念された。結局は、掃海艇がペルシャ湾に自力航行することとなったのである。

海上幕僚監部で掃海艇派遣に向けた計画が策定される中で、三月二〇日付で長崎地方連絡部長だった落合畯一等海佐が第一掃海隊群司令に任命された。落合の任命はペルシャ湾に派遣される際のペルシャ湾掃海派遣部隊の指揮官とする意図を含んでのものだった。掃海艇派遣に向け、防衛庁と海上自衛隊は着実に計画を作りつつあった。しかし、正式な準備命令は、まだ出ていなかったため、現地の実情調査と湾岸諸国に対する協力要請を行うことはできなかった。

## 海部首相の決断と公明党

外務省や防衛庁、そして自民党国防部会は、掃海艇派遣に積極的な姿勢を見せるとともに、その実現に向けた準備を始めていた。これまでの政府解釈によれば、掃海艇派遣は現行法の下での実施が可能な選択肢であり、国連平和協力法や九〇億ドル支援の際のように国会の議決を必要としなかった。掃海艇派遣は、首相の政治判断によって実現可能な施策だった。派遣を実現するために必要なのは、海部首相の決断のみだったのである。

外務省等が、掃海艇派遣に積極的な動きを見せる中で、海部首相を中心とした閣僚は、掃海艇派遣を明言しなかった。三月一四日の衆議院予算委員会において、中山太郎外務大臣は米国から掃海艇派遣は要請されていないと述べた。一方で、ペルシャ湾に敷設された機雷にどう対処するかを考えなければならないと表明した。中山外相は、日本政府が機雷処理の方策を示す必要性を示したが、依然として掃海艇派遣には慎重な姿勢を取っていた。翌一五日の衆議院外務委員会において、掃海艇派遣問題が議論されたが、海部首相は、状況を把握した上で方策を検討すると述べ、なおも掃海艇派遣を明言しなかったのである。

海部首相が掃海艇派遣を明言しなかった背景には、当時の政治状況が影響を及ぼしていた。前述のように、当時の海部政権は自公民の下での政権運営が行われていた。このとき、掃海艇派遣に対して、民社党は支持を表明していたものの、公明党は、あくまでも反対の姿勢を取っていた。自民党による説得の結果、公明党は原則として反対ではあるものの、もし掃海艇が派遣されても、審議拒否等の対抗策は取らないという方針に変わっていた。すなわち、公明党は掃海艇派遣を黙認する方針を取ることとなったのである。

公明党が掃海艇派遣を黙認したとしても、統一地方選挙を控えていることもあり、政府は公明党に配慮する必要があった。一九九一年四月七日と二一日に統一地方選挙が予定されていた。この選挙は地方選挙のため、湾岸危機以降の政府の対応は争点となっていなかったが、掃海艇派遣を強行して、公明党の面子を潰すことは今後の政権運営上、避けなくてはならなかった。四月一一日の海部総理と鈴木宗男（むねお）外務政務次官の会談において、海部総理は「公明党が二一日まで待ってくれと言っている」と述べ、公明党への配慮の必要を示唆している。掃海艇の派遣日程にも公明党の意向が影響していたと言えるだろう。

四月七日に行われた統一地方選挙は、社会党が議席を大きく減らし、惨敗を喫した。社会党は湾岸危機以来、一貫して政府の方針を批判し、掃海艇派遣についても反対を表明していた。もちろん、国政選挙ではないため、湾岸危機以降の日本政府の対応は選挙の争点ではなかった。しかし、選挙結果だけから判断すると、湾岸危機以降の社会党の対応が国民の支持を集めていないことを示していた。統一地方選挙の結果を受け、社会党の姿勢に変化が生じた。社会党首脳部は、これまで国際貢献に消極的な姿勢を示したことが、統一地方選挙の敗北に影響したのではないかと分析していた。

社会党の姿勢に対しては「一国平和主義」として批判されていた。国際貢献思想などを専門とする大山貴稔が指摘するように、国際貢献を行うべきと考える人々にとっては、消極的な勢力は是正すべき対象として批判されていた。もちろん、こうした批判を社会党で意識している勢力もいた。そのため、法的根拠などを定めれば、派遣を容認するという意見も社会党に出てきたのである。

結果的に、社会党は意見の集約ができず、掃海艇派遣に反対の姿勢を貫いた。しかし、社会党の姿勢も日本がいかに貢献すべきかをめぐって揺れ動いていたと言えよう。

このような中で、財界からも掃海艇派遣を求める声が上がり始めた。四月八日に経団連の平岩外四会長は記者会見において、平和時に限定する、アジア諸国が理解を示す、法制上も問題がない、という三条件が満たされる場合、掃海艇をペルシャ湾に派遣すべきであるとする「会長見解」を発表した。四月八日には、日本船主協会および全日本海員組合が、政府に掃海艇派遣を要望し、一〇日には鈴木永二日経連会長が掃海艇派遣を求める声明を発表した。他にも、一二日には日本中小外航船主会が掃海艇派遣の要望書を政府に提出している。彼らは、当時の日米関係やペルシャ湾の状況を踏まえ、一刻も早く日本が国際貢献を示すことが必要と考えたのである。

統一地方選挙が終了し、掃海艇派遣の機運が財界でも高まる中で、自民党国防部会でも掃海艇派遣を後押しする動きが起こった。湾岸戦争の停戦協定が発効した四月一一日に、自民党国防部会は掃海艇派遣を決議し、海部首相と党三役に申し入れを行った。

経済団体や自民党国防部会の圧力を受けながらも、海部総理は掃海艇派遣の決断に苦慮していた。四月一〇日夜に中山外務大臣、石川防衛庁長官と工藤法制局長官が海部総理のもとを訪れ、掃海艇派遣問題について話し合ったが、結論は出されなかった。四月一一日に行われた海部総理と鈴木宗男政務次官の会談において、海部総理は、派遣の決定を二一日まで先延ばしにすることを、鈴木政務次官に示唆した。海部に対して、鈴木は「二一日に結論が出てから準備するということでは間に合わない」との意見を述べると、海部は

「うーん」と言ったまま黙り込んでしまった。この段階においても、海部は、まだ掃海艇派遣に躊躇していたと言えよう。

四月一三日午後、海部総理と坂本三十次内閣官房長官、大島理森（ただもり）政務担当内閣官房副長官、石原信雄事務担当内閣官房副長官が掃海艇派遣問題について協議し、掃海艇派遣についての方針を決定した。その内容は①Xデー（派遣日）は二六日とする、②決定のための安保会議、臨時閣議を二四日に開く、③同日党首会談を行い、ゴルバチョフ訪日の報告とともにポスト湾岸危機対策につき、本件を含めて話をする、④本件決定の国会への報告を同日または二五日に行う、⑤一六日に外務・防衛両省庁の責任者を承知し、派遣準備着手を指示する、⑥本件実施は三党合意（ＰＫＯ）とは切り離す、というものだった。こうして、海部総理は二四日の掃海艇派遣を決断したのである。

海部の決断を受け、外務省は関係各国への根回しを始めた。クウェートに対しては、四月一六日に渡辺中近東アフリカ局長からアル・シャリ駐日クウェート大使にクウェート領海内の掃海作業がある旨、口頭で伝え、同意を求め、クウェート側は二四日に掃海艇派遣決定を歓迎すると述べた。イランに対しても、同様の通報が四月二二日に斎藤邦彦駐イラン日本大使からセファット外務省アジア大洋州局長になされたが、セファット局長からは「イラン政府が本件に消極的反応を示すことは考えられない」と述べた。イラクは日本の掃海作業区域ではなかったが、湾岸周辺国ということで、クウェート、イランと同様に通報がなされた。日本の通報に対して、イラクもクウェートやイラン同様に「反発はしない」との考えを示した。日本の掃海艇派遣に対して、掃海艇が領海内に入ることが想定されている国々は一様に掃海艇派遣に対する反発は見せなかったと言えよう。

掃海艇が直接作業する国々以外にも、日本の掃海艇派遣は通報された。アジア諸国に対しては、中国、韓国といった周辺諸国や、ASEAN諸国そしてインドやパキスタン、スリランカといった掃海艇の寄港地となる国々への通報が行われた。この中で、中国や韓国は、海外派兵への懸念を示すとともに、慎重な対応を求めるとの反応を示した。ASEAN諸国やインドなどの南アジア諸国は、日本の掃海艇派遣を歓迎するとともに、寄港地となる国々は、掃海艇の寄港を容認するとの考えを示した。掃海艇派遣に対して、中国や韓国といった周辺諸国は慎重な対応を求めたが、他の国々は、歓迎の意を示すという対照的な反応を示したのである。

### †掃海艇派遣の実現

四月二四日、安全保障会議と閣議において、掃海部隊のペルシャ湾派遣が正式に決定され、海上自衛隊の前身となった海上警備隊発足の三九周年目の創立記念日である四月二六日にペルシャ湾掃海派遣部隊は集結点となっていた奄美諸島に向け、横須賀、呉をはじめ、参加艦艇の母港から出港した。自衛隊初の海外派遣が行われたのである。

一九九一年四月二六日に、ペルシャ湾掃海派遣が実現したが、掃海艇派遣が行われたとはいえ、まだ課題は残されていた。掃海艇の活動地域の現地調査と湾岸諸国への協力要請が掃海部隊の出港に間に合わなかったのである。現地調査が行われたのは五月四日になってからであった。現地調査は、防衛庁と外務省の合同で行われ、防衛庁から三名、海上幕僚監部から五名、そして外務省から一名が参加した。調査は五月四日から一七日まで行われ、アラブ首長国連邦、バーレーン、サウジアラビア、カタールを訪問した。調査団は、各国の国防省やアラブ首長国連邦のアブダビの米国中東艦隊司令部、バーレーンの米海軍掃海部隊司令部などを訪問し、掃海作業の状況、港湾の受入能力等についての調査を行った。その結果、イラクが敷設した一二〇〇個の機雷のうち、八〇〇個以上の処理が進んでいること、そして、日本の掃海部隊が到着した後、技術的に難しいクウェート沿岸の掃海を行う必要があることが判明した。クウェート沿岸の中で、イランとの国境付近の海域はイランが領有権を主張しているため、政治的に難しい領域であった。調査報告は、この海域で自衛隊が活動するためには、イラク政府とイラン政府の了解を得る必要があることに触れている。掃海部隊は困難な海域での活動を余儀なくされたのである。

掃海部隊受入の準備が進められる中、五月二七日に掃海部隊はドバイのアルラシッド港に入港した。現地調査の結果をもとにして、掃海部隊はドバイを根拠地として作業を進めることとなった。六月五日から掃海部隊は実際の作業を開始した。作業が続けられる中、外務省はイラン等の関係国と協議を行い、七月二〇日にイラン側は代表者を立ち合わせることを条件として、イラン領海への立ち入りと領海内での掃海作業実施を認めることを日本政府に通告した。イラクからも七月二五日に同様の通告がなされた。こうして、掃海部隊の活動に対する政治的な障害は取り除かれたのである。

この中で特に重要であったのが、イラン領海内での活動であった。日本が掃海を行った海域はイラク、クウェート、イランの領海が入り組んでおり、政治的に難しい海域であった。特にイランはイラン革命以降、米国をはじめとする西側諸国との関係が悪化しており、領海内の掃海作業実施の同意を取り付けることが困難であった。そうした中で、日本はイランとの外交関係を保ち、またイランと良好な関係を築いていた。そのため、外務省としても、イランの同意を得ることを重要視していたのである。日本の掃海部隊の活動は時期としては掃海艇を派遣した国の中で最後の到着となったものの、イランとの国境付近という他国の部隊では活動できない海域での作業を進めることができたのである。

## †掃海艇派遣の実現と世論の変化

ペルシャ湾に派遣された部隊は、九月一一日に作業を終えて、一〇月三〇日に呉へ帰港した。自衛隊初の海外派遣は、一人の犠牲者も出すことなく、無事任務を達成したのである。

ペルシャ湾掃海艇派遣は、国内における自衛隊に対する評価を変えた。派遣前の一九九一年二月に総理府が行った自衛隊の平和維持活動関与に対する世論調査では四五・五％が賛成を示していた（賛成する二〇・六％、どちらかといえば賛成する二四・九％）。他方、反対は三七・九％（反対する一八・八％、どちらかといえば反対する一九・一％）であり、賛成が反対を上回っていたものの、その差はあまり大きくなかった。

しかし、派遣終了後に行われた世論調査においては、自衛隊派遣を容認する動きが強まった。例えば、六月九日と一〇日に実施された朝日新聞の世論調査では、七二％が自衛隊の海外派遣を容認すると回答している。調査対象は異なっているが、湾岸戦争後国民の自衛隊派遣に対する姿勢は変化しており、ペルシャ湾掃海艇派遣はその動きを拡大させたと言えよう。

この状況は、それまで自衛隊派遣に慎重であった政策決定者の認識を変えた。当時の海部首相は、湾岸危機勃発当初から自衛隊海外派遣には消極的な姿勢を取り続けていた。しかし、ペルシャ湾掃海艇派遣が、無事に終了し、世論が自衛隊派遣容認へと変化する中で、海部首相自身も自衛隊派遣拡大を容認するようになったのである。

一九九一年四月二六日の衆議院安全保障特別委員会において、公明党の山口那津男（なつお）議員が平時に国際貢献を行う自衛隊とは別の組織の創設を提案したところ、中山太郎外務大臣は、別組織創設について明言を避けた上で、常設とした場合には、災害時以外に税金を使ってどのように管理運営されるのか、武器使用等の規制をどうするのかや、自衛隊法改正、もしくは国際緊急援助隊法の改正等、国際貢献をいかに行うのかについて、引き続き議論する必要があると答えた。国連平和協力法案廃案の後、栗山尚一外務次官をはじめ、当初自衛隊派遣に消極的であった人々がその姿勢を変化させたが、そうした中でも海部首相は派遣に慎重であった。しかし、ペルシャ湾掃海艇派遣は海部首相の姿勢を変化させたのである。

ペルシャ湾掃海艇派遣が、世論や政策決定者の認識に変化を与えたとはいえ、派遣に反対する者がいなくなったわけではない。後述のように、社会党や共産党は自衛隊派遣に反対姿勢を取り続けていた。また、後藤田正晴はじめ、自衛隊派遣に慎重姿勢を取り続ける者もいた。

しかし、これら野党や自民党内の反対勢力の影響力は、政治過程論を専門とする庄司貴由が指摘するようにペルシャ湾掃海艇派遣の後、世論が自衛隊派遣容認を拡大させると衰えていった。また、自衛隊派遣に慎重姿勢を取り続ける人々も自衛隊派遣への反対を正面から言わなくなっていた。ペルシャ湾掃海艇派遣は自衛隊海外派遣拡大への道を開くこととなったのである。

### †自衛隊派遣拡大の動き

ペルシャ湾掃海艇派遣後、自衛隊が任務を拡大したのは、ＰＫＯ参加と国際緊急援助活動への自衛隊参加であった。ペルシャ湾掃海艇派遣後、国際平和協力法が上程された理由として、国際政治状況の変化、湾岸危機以降の人的協力模索の動きとの継続性を指摘できよう。まず、国内政治状況の変化について、ペルシャ湾掃海艇派遣が実現し、それが無事に任務を完了すると世論の自衛隊派遣に対する容認姿勢が強まった。反対にそれまで自衛隊派遣に反対していた自民党内の勢力や野党の影響力が弱まった。そのため、自衛隊派遣を拡大する余地が生まれたのである。

第二の理由として、湾岸危機以降の人的協力模索の動きを指摘することができる。一九九〇年一一月八日に国連平和協力法は廃案となったが、それは、日本のＰＫＯ参加が閉ざされたということを意味したわけではない。廃案となった一一月八日に、自民党、公明党、民社党は合意文書（三党合意）を交わしていた。三党合意は、人的協力の必要性に関する認識を示した上で、①国連中心主義を貫く、②国連平和維持活動に対する協力と国連決議に関連する人道的な救援活動に関する協力および国際緊急援助隊派遣法の定める災害救助活動に従事する組織を自衛隊とは別個に組織する、③合意した原則に基づき立法作業に着手し、早急に成案を得るように努力する、というものであった。国連平和協力法案が廃案となった後も、政府は自衛隊のＰＫＯ参加を模索し続けていた。ペルシャ湾掃海艇派遣後の国内政治状況の変化はこの動きを加速させたと言えよう。

### †自衛隊派遣拡大への諸外国の反応

こうして、自衛隊の海外派遣拡大の動きが強まったが、諸外国はこの動きにどのような反応を示していたのだろうか。公的な反応としては、各国の反応はさまざまであった。米国は、自衛隊派遣要請を出していたこともあり、歓迎の意を示していた。他方、欧州諸国は、事実関係が中心であり、取り立てた反応を示していない。

ＡＳＥＡＮ諸国や香港は、好意的な反応を示していた。フィリピン、シンガポール、マレーシアは、本件に対する政府の立場を明確にしていた。インドネシアやタイも過去、法案に対して日本の姿勢を評価するとの立場を表明しており、好意的な反応だった。後に最初の派遣対象国となったカンボジアは、歓迎の意を示し、UNTACで日本が役割を果たすことを期待していた。

慎重な対応を求めたのは、中国と韓国であった。中国、韓国ともに、日本が平和のために役割を果たそうとしていることを理解しているとしたうえで、派遣には慎重な対応を要請している。

これらの見解は政府による公的なものだが、それが全てというわけではない。例えば、好意的な反応を示していたとされるシンガポール首相リー・クアン・ユーは日本の海外派兵について、「アルコール中毒患者にリキュールを与えるようなものだ」として、警戒感を露わにしている。また、フィリピンでは、一一月二七日にフィリピンの三〇の大学で作る「フィリピン学生連盟」の日本人、オーストラリア人を含む二四人の学生が、マニラの在比日本大使館前でPKO協力法案に抗議するデモを行った。一一月二八日には、左翼系の「新ナショナリスト同盟」メンバー約三〇人が同じく大使館前で抗議デモを行っている。このように、世論レベルでは、PKO協力法案への警戒を示す動きも見られた。

しかし、このような動きが世論の大勢を占めていたというのは言い過ぎだろう。例えば、インドネシアの新聞各紙はPKOに対する警戒を示すもの、国内事情であるとの意見を示すものなど、さまざまな意見が見られた。

以上をまとめると、直接の利害関係国である米国や派遣対象になっていたカンボジアと異なり、各国は様子見というのが実情であった。慎重な姿勢を求めていた中国や韓国にしても、今後の活動に対する慎重姿勢を求めたのであり、法案自体に対しての反対意見を表明しているわけではない。あくまでも法律作成であり、その後、日本が具体的に何をするかについては不透明であった。そのため、各国ともに日本が自衛隊を海外でどのように使うかに注目していたのである。

### †三党合意の扱い

ＰＫＯ協力法案に対する国内の動きに目を戻すと、日本では政権交代が行われたが、ＰＫＯ問題は議題の俎上に載ったままだった。海部政権は、政治改革法案をめぐっての党内対立が原因となり、一九九一年一一月五日に総辞職し、宮澤喜一が後継の首相となった。国際平和協力法は宮澤内閣の下で成立を目指したが、依然として野党の協力を必要としていた。これまで述べたように、当時の自民党は参議院で過半数の議席を有していなかったために、ＰＫＯ法を成立させるためには野党を取り込む必要があった。特に必要であったのが、公明党と民社党の協力であった。そのため、自民党は「三党合意」を交わし、両党の協力を求めていた。この「三党合意」は、官僚が関与しない中で作成されたものであり、外務省や防衛庁はその内容を把握していなかった。三党合意当時に外務次官であった栗山尚一は「与党が独自に野党と動いて、三党合意でＰＫＯをやろうと動いた」と述べている。条約局長であった柳井俊二は三党合意について「官僚がいっさい関与していない中でつくられ、結果だけ見せられた」ものであったと振り返っている。

そのため、外務省や防衛庁の官僚が協議に参加する中で、修正が行われた。この中で、問題となったのが、別組織案の問題だった。

三党合意において、ＰＫＯや国際緊急援助活動は別組織で行うことが合意されていた。新法を作成するにあたって、外務省は、類似のケースとして、北欧待機軍について研究を行っている。

外務省は、別組織を作ることは二重投資であり、現実的でないとし、別組織案には否定的だった。日本が参加を想定しているＰＫＯの平和維持軍や停戦監視といった業務については、国連が軍人の参加を求めているため、別組織についても、その点をクリアする必要があった。また、別組織を作ったとしても、平和維持軍参加を想定するのであれば、武力行使をめぐる法的問題が生じること、常設とする場合には、財政当局の異論が予想されること、武器の携行について、自衛隊法の適用対象外となることから、新たな立法措置が必要となることなど、さまざまな問題点が指摘された。そのため、将来的に自衛隊と一本化されるとしても、自衛隊と全く無縁の組織を作ることはできないというのが、外務省の判断であった。

外務省は、別組織案に反対であったが、その扱いについては、慎重な対応が必要であった。当時はねじれ国会であり、国会での法案通過には野党、特に公明党の協力が必要であった。外務省もこの点は承知しており、自衛隊と全く無縁の組織を作ることを公明党に納得してもらう必要性が論じられている。

別組織案についての問題点は、公明党側も承知しており、別組織案にこだわっているわけではなかった。公明党の市川雄一書記長は、丹波外務省国連局長との会談において、「三党合意に基づく常設の組織が、人が集まらないとか訓練できないとか、その他いろいろな問題にぶつかって動かなくなり、その結果無駄な組織になるということはある程度予想されることだ」と述べ、外務省の見解に理解を示した。結局、別組織案は実現しなかったのである。

しかし、三党合意があったとはいえ、その後上程された「国際連合平和維持活動等への協力に関する法律（PKO協力法）」は、すんなりと成立したわけではなかった。法案成立までに、衆議院で九〇時間弱、参議院で約一〇〇時間以上と約一九〇時間に及ぶ激しい国会論戦が繰り広げられた。この間、社会党は海外派兵との関連から法案に反対し、共産党は武力行使等の側面から法案を批判し、法案への抵抗を続けた。

野党の抵抗と合わせて、三党合意を交わした民社党の介入も、法案成立を遅らせる原因となった。三党合意を交わしていた民社党の大内啓伍書記長が、国会の事前承認を突然要求した。当時、衆議院は、自民党と公明党で過半数を確保していたものの、参議院では過半数の議席を有しておらず、法案成立には民社党の協力が不可欠であった。自民党は、大内書記長の説得に失敗し、法案を一九九一年の国会会期中に成立させることができなかったのである。

## †PKO協力法の成立

野党の抵抗と民社党、公明党との連携を強化するために、自民党は、体制の立て直しを図り、法案成立に臨んだ。翌年一月一七日に金丸信自民党副総裁と小沢一郎幹事長は国会対策委員長にペルシャ湾掃海艇派遣の際に、国会対策委員長を務めていた梶山静六を据え、国会対策を強化した。梶山は、与謝野馨自民党国会対策副委員長や、田原隆法務大臣、そして有馬龍夫外政審議室長とともに民社党、公明党との調整に当たったのである。

この調整の中で、公明党は、法律の中に自衛隊がPKOに参加するための歯止めを求めた。公明党の要望は、ＰＫＯ法に反映され、ＰＫＯ五原則としてその後、自衛隊がＰＫＯ参加する際の基準となった。ＰＫＯ法は公明党、民社党との協議を踏まえて、①平和維持軍（ＰＫＦ）本体業務実施に伴う国会承認、②ＰＫＦ本体業務の凍結、③法律施行三年後の実施の見直しという三点について、合意を三党間で交わし、三党間で合意に達した。その後、社会党や共産党の抵抗はあったものの、六月一五日の衆議院本会議で国際平和協力法は成立したのである。

## †国際緊急援助隊法改正

ＰＫＯ法案と同時並行して、国際緊急援助隊の自衛隊参加を盛り込んだ国際緊急援助隊法の改正案が議論されていた。一九九一年四月二六日の衆議院安全保障特別委員会において、中山外務大臣は国際緊急援助隊法改正を議論する旨、答弁を行った。四カ月後の八月七日の衆議院本会議において、海部俊樹総理大臣が所信表明演説の中で国際緊急援助隊法改正の検討を行っていると言及している。

法改正に向けた外務省内の政策決定過程については、現在公開されている資料では限定的な推測にとどまるものの、七月五日に外務省内で経済協力局技術協力課、大臣官房総務課、北米局安全保障課、および国際連合局国連政策課の担当官が集まり、自衛隊参加問題を話し合っている。そして、七月二二日には防衛庁より防衛庁案の提示および外務省案に対する回答が作成され、七月二四日に防衛庁と外務省の意見交換が行われている。

法改正を行う上で、日本政府としてはまず、自衛隊参加の必要性を明確にする必要があった。一九八七年の国際緊急援助隊法制定にあたり、自衛隊参加の可能性が議論された。このとき、外務省は自衛隊参加なしでも国際緊急援助隊結成は可能であること、自衛隊の海外派遣については国民の反対が予想されること、そして自衛隊参加の余地を残すことで法案に対する野党の反対を招き、法案自体が頓挫する恐れがあるため、自衛隊参加は個人参加を含めて、いかなる形であれ認めない方針を取った。

外務省経済協力局は、主要国の国際緊急援助態勢と大規模災害における軍隊の参加状況について、メキシコ地震(一九八五年九月)、コロンビア火山噴火(一九八五年一一月)、アルメニア地震(一九八八年一二月)、イラン・カスピ海沿岸地震(一九九〇年六月)、そして、フィリピン地震(一九九〇年七月)における米・英・仏・独・スイス等の国々の国際緊急援助活動への参加状況を調査した。この中で経済協力局は一般的傾向として、国際緊急援助活動への軍隊の参加が少ないこと、援助要員や物資の輸送については軍隊の輸送手段が用いられていることを指摘している。例えば、米国はカスピ海沿岸地震以外の災害に救助要員を派遣しているが、その全ての事例に軍隊の参加が認められる。しかし、軍隊の参加が顕著なのは米国のみであり、英国などの国々はＮＧＯが参加しており、軍隊の参加は輸送機の使用といった少数に限られている。これは当該国との外交関係が影響していると思われる。例えば、イランのような米英と外交的に対立している国に対しては軍の派遣は認められなかった。また、メキシコ地震の際、メキシコ側がフランスの輸送機が国内の空港を使うことを拒否したため、民間機を使用している。軍隊の使用による不都合を回避するために、非軍事手段が用いられたと見るべきだろう。

軍隊の国際緊急援助活動への参加は、各国ともに限定的であったが、外務省が自衛隊参加を必要と考えた理由は、これまでの活動実績を踏まえ、自衛隊参加による改善が必要と考えたためである。外務省は、①輸送手段の改善（迅速な被災地入りを可能とする輸送手段の確保、車両等銃器類の輸送手段の確保）、②救助隊自体の大規模化の必要性から、自衛隊参加が必要と述べている。外務省は、自衛隊参加が可能となった政治状況の変化以外にも、国際緊急援助隊の実効性を高めるという意味から、自衛隊参加を求めたのである。

他方、自衛隊の能力については、実際に派遣がある場合を想定して、防衛庁が検討を行っている。防衛局運用課、防衛局防衛課、教育訓練局衛生課が中心となり検討を行った結果、医療と輸送の面で相応の能力を有していることが判明した。輸送能力について、航空自衛隊のＣ－１３０Ｈ型輸送機、海上自衛隊のみうら型、あつみ型、ゆら型の輸送艦を用いることにより、海外への長距離輸送が可能であると指摘する。その上で、一九九一年四月末に発生したバングラデッシュにおける風水害を対象に具体的な検討を行っていることを明らかにしている。この中で、医療活動、空輸活動、給水活動の三つの状況が想定されている。それらの派遣規模は、医療活動（医官約二〇名を含む一八〇名）、空輸活動（中型ヘリコプター（HU－1H）一〇機および約二六〇名）、給水活動（約一〇〇名）となっている。

防衛庁側は国際緊急援助隊に自衛隊が参加する場合、①国際緊急援助隊参加部隊は長官直轄とし、②アジアや太平洋地域といった近距離の派遣を想定していた。まず、派遣日程においては、四八時間以内の先遣隊派遣、長官命令発令後五日以内の主力部隊派遣と当該部隊の二週間以内の到着、そして救助活動期間として二週間を想定している。次に派遣先としては、アジアおよび大洋州の発展途上国を想定しており、日本から近い距離での派遣を想定していたことがうかがえる。最後に指揮命令系統については、派遣部隊を長官直轄としている。この点について、六月九日付で策定された「国際緊急援助活動等実施の体制整備方針」においては現地活動部隊を長官直轄とし、輸送等の支援部隊は現行の指揮系統のままで協同することと定められていた。しかし、基本計画においては輸送部隊等を組み合わせての派遣に変更された。こうして、国際緊急援助隊に参加する自衛隊部隊は長官直轄とした上で派遣されることとなったのである。

国際緊急援助隊参加に向けた体制作りと並行して、防衛庁が配慮しなければならなかったのが、国会対策であった。自衛隊が国際緊急援助隊に参加する場合、自衛隊派遣が海外派兵にあたるとの批判を野党から受ける可能性が高かった。法改正にあたって、防衛庁は防衛局防衛課、防衛局運用課、長官官房法務課を中心に検討を行い、国際緊急援助活動が海外派兵にあたるという野党からの指摘に答えるための用意をしていた。

想定問答集においてはまず、国際緊急援助活動が武力行使と異なることを指摘する。海外派兵を「武力行使の目的をもって武装した部隊を他国の領土、領海、領空に派遣すること」とした上で、法改正の目的が「国際緊急援助活動に自衛隊の能力を活用しうるようにすることによって、海外における自然災害を中心とする大規模な災害に対するわが国の国際緊急援助体制の一層の整備を図ること」であるため、国際緊急援助活動は武力行使ではないとの見解を示した。

また、武器の使用が必要と認められる場合は、派遣を行わない方針であることを明言した上で、武器を携行することはないとした。そのため、法律に武器不携行を明示する必要はないとの考えを示している。国際緊急援助活動が武力行使ではないとの見解を示す一方で、自衛のための武器使用を認め、装備から武器を取り外す等の措置は必要ないとの見解を示した。

いずれにせよ、防衛庁としては自衛隊の国際緊急援助活動への参加はあくまでも救助任務であり、武器を使用する場合は派遣を差し控えるとして、法改正に臨むこととなったのである。

こうした議論を経て、国際緊急援助隊法改正は実現した。九月五日と一八日に行われた自民党政調外交・合同会議において、与党への説明を行い、九月六日に官房長官への説明、一九日に次官会議、安全保障会議、そして閣議における了承を得た上で、九月二四日に衆議院で法案の趣旨説明が行われた。法案はＰＫＯ法案審議の影響を受けて第一二一回国会会期中には成立せずに、継続審議となったが、結局一九九二年六月一五日に改正が実現した。こうして、ＰＫＯと国際緊急援助隊にも自衛隊が参加することとなり、自衛隊海外派遣が拡大したのである。

第４章

# 定着——地域紛争・テロとの戦いの時代

ソマリア沖のアデン湾にて、日本の貨物船（奥）を警護する海上自衛隊の護衛艦
（2009年6月、写真提供＝共同通信）

## †カンボジアPKO

ＰＫＯ協力法制定後、初の案件としてカンボジアへの派遣が議論される。カンボジアは長きにわたり内戦状態にあり、一九九一年一〇月二三日のカンボジア紛争の包括的な政治解決に関する協定（パリ和平協定）でようやく内戦が終結した。パリ和平協定に基づいて、一九九二年二月二八日に出された国連決議七四五に基づいて設立された国連カンボジア暫定統治機構（ＵＮＴＡＣ）の特別代表には国連事務次長だった明石康（やすし）が就任した。

ＵＮＴＡＣに日本が協力をすることは早くから議論されていた。カンボジア和平に日本政府が深く関与しており、特別代表には日本人の明石康が就任していることから、日本の支援を行わないというわけにはいかなかった。そこで、ＰＫＯ協力法制定後、最初の派遣先としてカンボジアが選ばれたのである。

一九九二年七月一日に、日本政府はカンボジア国際平和協力調査団を同国に派遣した。そして、七月二七日に陸・海・空各自衛隊の要員をスウェーデンにある国連訓練センターに派遣した。これらはカンボジア派遣を想定した事前調査と、ＰＫＯ活動に必要な技能習得が目的だった。

こうした準備を踏まえ、八月一一日に宮下創平（そうへい）防衛庁長官は、陸・海・空各自衛隊に対して、国際平和協力業務実施に係る準備に関する長官指示を出した。また、同じ日に日本政府はカンボジア国際平和協力専門調査団を派遣する。一方、九月三日に、国連から日本政府に対して、ＵＮＴＡＣへの要員派遣要請がなされ、これを受け、日本政府は九月八日カンボジア国際平和協力業務実施計画およびカンボジア国際平和協力隊の設置等に関する政令を閣議決定した。こうして、カンボジアＰＫＯへの派遣が正式に決定した。

派遣部隊は施設大隊および停戦監視要員からなっていた。派遣部隊は、道路・橋などの修理をはじめとした建設業務のほか、ＵＮＴＡＣ構成部門等に対する水又は燃料の供給とＵＮＴＡＣの要請等に応じて実施する物資等の輸送等の業務、ＵＮＴＡＣ構成部門等の要員に対する医療業務、五月六日には、ＵＮＴＡＣ構成部門等の要員に対する給食、そしてＵＮＴＡＣ構成部門等の要員に対する宿泊又は作業のための施設の提供といった業務にあたることになった。

このときに施設大隊は、小型武器として拳銃および小銃のみを携行する形で派遣された。しかし、カンボジア内戦が終結したとはいえ、まだ治安状態は悪く、安定しているという状況ではなかった。しかし、初の地上部隊派遣ということで、国内外の刺激を抑えるために軽装備で派遣されることになった。また、武器使用基準と部隊行動基準については、他の国の部隊よりも厳格に定められていた。こうした問題はＰＫＯのミッションを重ねることで、徐々に改善されていく。

自衛隊は一九九二年九月から一九九三年九月まで活動し、一人の犠牲者を出すこともなかった。しかし、自衛隊とは別に派遣されていた文民警察官と選挙監視員には、それぞれ高田晴行警部補と中田厚仁という二人の犠牲者が出た。文民警察官については、これ以後二〇〇六年の東ティモール派遣まで、派遣は行われなかった。

## †同盟漂流と朝鮮半島危機

冷戦終結によって、国際情勢は激変していたが、日本でも国内政治情勢が変容していた。一九九三年八月九日、先の第四〇回衆議院議員選挙の結果、長らく政権を担っていた自民党が敗北し、非自民の細川護熙政権が誕生した。

細川政権は、政治改革を掲げ、旧来の自民党政治とは一線を画すものとして期待されていた。その一方で、日本にとっては、冷戦終結後の国際情勢を睨み、外交・安全保障政策の見直しが迫られてもいた。

東アジアにおいては、一九七二年のニクソン訪中以降、米中関係は改善しており、米中はソ連を見据えて協力関係にあった。八〇年代後半以降、中国とソ連が接近、一九八九年の天安門事件によって、中国と西側諸国の関係が緊張したが、当時の中国は米国に対抗できるほどの軍事力は有していなかった。

加えて、冷戦の終結によって、仮想敵国であったソ連の脅威が薄まり、その後のソ連崩壊と新生ロシアの混乱によって、脅威としてのロシアの存在感が薄くなっていた。

こうした中で、日本は新しい情勢に対応するための方策を必要としていた。ヨーロッパを中心に冷戦終結による平和の配当を求める機運が高まっており、その動きが日本にも波及していた。加えて、湾岸戦争以降の自衛隊海外派遣の拡大によって、国内では国際貢献意識が高まっており、冷戦終結後の新世界秩序の中で日本がいかなる役割を果たすべきかということが議論されていた。

こうした中で出されたのがいわゆる樋口レポートである。これは、一九九三年二月に細川首相の私的諮問機関として設置された防衛問題懇談会の出した答申を指す。樋口レポートは、冷戦終結後の世界を見据え、日本は世界的並びに地域的な多角的安全保障協力の促進、日米安保機能の充実、信頼性の高い効率的な防衛力の保持を訴えていた。

樋口レポートに対して、日本の日米安保離れを示したものとして米国の当局者から警戒が示された。しかし、実際には樋口レポートは多角的安全保障と日米安保の二者択一を迫るものではなく、日米安保を軸にしながら、その地平の拡大を意図するものであった。

それではどうして米国は樋口レポートを警戒したのだろうか。先程も紹介したように、東アジアにおいては、主たる脅威もなく、日米同盟を再定義する必要性が議論されていた。こうした中で、米国の東アジアにおけるプレゼンス低下を警戒していた。米国、特に日米関係の専門家達はその点を警戒し、樋口レポートを日本が日米安保ではなく多角的安全保障へ舵を切るものと位置付けた。その上で、米国に日本をつなぎとめるための日米同盟の再定義を促したのである。

　日米同盟の位置付けについて懸念が示されている中で発生したのが、一九九三年の朝鮮半島の核危機である。一九九三年に北朝鮮は核拡散防止条約（ＮＰＴ）からの脱退を宣言し、韓国に「ソウルを火の海にする」と発言するなど、危機をエスカレートさせていった。核危機はジェームズ・カーター元大統領の訪朝などを経て、米朝枠組み合意を結び、危機は一応終結を見た。

　一九九三年の北朝鮮の核危機は日本にとって、冷戦終結後新たに北朝鮮が脅威として台頭していることを示していた。この後、北朝鮮は核実験やミサイル実験を繰り返し、軍事力を強化していく。

　一九九五年から一九九六年には、台湾総統選挙を控えていた台湾に対して、中国軍がミサイル実験を繰り返し、地域の近況を高めた。この事態に米国が空母戦闘群を派遣し、中国を牽制した。

北朝鮮と中国の行動は冷戦が終結した後も、東アジアにおいては火種が燻(くす)ぶっていることを示していた。しかし、日本にとっては、冷戦におけるソ連と異なり、北朝鮮にしても、中国にしても、米国と脅威感を共有しているのかという疑念が生じることになった。日米同盟の再定義が叫ばれていたこともあり、有事には米国が介入しないのではないかという疑念が常に付きまとうことになる。この見捨てられの懸念がその後の自衛隊海外派遣の原動力となっていくのである。

### †地域紛争とPKOの拡大

ここで東アジア以外の国際情勢に目を向けてみよう。冷戦の終結は戦争がなくなるということを意味していたわけではない。むしろ、冷戦終結と東側陣営の盟主であるソ連のプレゼンス低下とその崩壊などをきっかけに、地域紛争が頻発するようになった。ヨーロッパにおいては、ユーゴスラビアの崩壊による一連のユーゴスラビア紛争が勃発した。アフリカやアジアにおいても、内戦が勃発するなど、混乱が生じていた。

こうした中で拡大したのがPKOである。PKOは、一九五六年の第二次中東戦争、いわゆるスエズ危機の際にカナダの外務大臣であったレスター・B・ピアソンが提唱した第一次国際連合緊急軍(UNEF1)が源流とされている。

冷戦期においては、非武装の軍事要員で構成される停戦監視団や軽武装の平和維持軍の活動が中心であった。冷戦期には、米ソ対立によって、両国が拒否権を行使していたために、PKO派遣につながらないことが多く、国連による平和維持は低調だった。

その間にも、一九六〇年代にはコンゴ動乱に際して、コンゴ民主共和国に平和維持部隊（ONUC）が派遣された。常任理事国（P5）以外の二九カ国から約二万人が送り込まれたが、平和維持部隊は苦戦を強いられ、ソ連やフランスなどの多くの国が費用の分担支払いを拒否したため、国連の財政危機を招くに至った。

結局、八〇年代になるまで、平和維持活動は停戦監視等に限定された。その後、冷戦構造が変容していくと、平和維持活動もその動きを活発にしていく。一九八九年には国連ナミビア独立支援グループ（UNTAG）の下で選挙監視活動が実施された。

九〇年代に入ると、冷戦構造が崩壊し、地域紛争が頻発するようになり、国連による平和維持に対する期待が高まった。こうした中で出されたのが「平和への課題」である。

「平和への課題」は、一九九二年にブトロス・ブトロス゠ガーリ国連事務総長が発表した報告書である。これは国連による平和を強化するため、国連の機能強化を図ることを提唱していた。紛争発生前から国連が予防外交を展開すること、予防外交が失敗に終わった後は、紛争の平和的解決のための平和創造を開始し、国連を仲介人とする交渉や国際司法裁判所への負担などを試みる。それも失敗した場合には、平和強制を行う。これは国連憲章に定められた侵略行為を停止させるための武力行使であり、加盟国有志により兵力提供を受けた平和強制部隊が実施するとされた。そして、紛争が停止した後、平和建設を行い、民主主義的な国家を建設し、平和を維持するとしている。

九〇年代前半の時代は国連による平和維持に期待が高まっていた時代でもあった。しかし、これはすぐに限界に直面する。PKOが派遣されたソマリア内戦（UNOSOMⅡ）においては、平和執行ができず、映画『ブラックホーク・ダウン』で描かれたモガディッシュの戦いにおいて、米兵に犠牲者が出るなど、内戦は泥沼化していった。結局、米軍は撤退し、UNOSOMⅡは平和構築を実現できないまま一九九五年に撤収せざるを得なかった。

ボスニア・ヘルツェゴビナ紛争に派遣された国際連合保護軍（UNPROFOR）は、安全地帯に指定されていたスレブレニツァでセルビア人によるボシュニャク人への虐殺行為から難民を守ることができず、批判に晒された。

こうして、国連による平和維持の限界が明らかになっていった。こうした中で、国連による平和維持ではなく、NATOや地域機構による平和維持も模索されていくようになっていく。一九九九年には国連安保理の承認を得ないまま、NATO軍がユーゴスラビアのコソボ自治州での紛争に介入し、空爆を実施した。冷戦終結後の平和維持のあり方が変化していた。国連を中心とした秩序維持の限界が明らかになる中で、唯一の超大国である米国による単独行動主義の色合いが濃くなっていった。こうした中で起こったのが、二〇〇一年九月一一日の同時多発テロである。

## †東ティモール派遣

同時多発テロに触れる前にアジアにおけるPKOと自衛隊の関わりについて述べておく。国連平和維持活動の活発化はアジアにおいても同様であった。カンボジアへのPKO派遣以降、自衛隊はモザンビーク（ONUMOZ）、エルサルバドル監視団（ONUSAL）、ルワンダ難民救援など、継続的に派遣を行った。

元々、PKOの開始当初、防衛庁が想定していたのは、アジアに対するPKOであった。東南アジアは日本の主要な貿易相手であり、外交的にも重要な地域であった。加えて、当時は日本の防衛装備は日本およびその周辺での作戦を想定しており、輸送機や輸送艦などの輸送手段には限りがあった。

しかし、カンボジアPKO以降、東南アジアにおいて、PKOを必要とする混乱は生じていなかった。日本はアジア以外のアフリカ、ラテンアメリカにPKOを派遣した。こうした中で、東南アジアにおける大きなミッションだったのが、国際連合東ティモール・ミッションである。

東ティモールは元々ポルトガルの植民地だったが、一九七五年にインドネシアの支配下に入っていた。住民はインドネシアの支配に反発し、独立運動を行っていたが、インドネシアはこれを押さえつけていた。一九九七年のアジア通貨危機を契機として、一九九八年にインドネシアで民主化運動が起こり、長らく政権の座にあったスハルト政権が崩壊した。後継政権は東ティモールに対して協調姿勢に転じ、一九九九年五月にインドネシアとポルトガルは東ティモールの自治拡大に関する住民投票実施で合意した。その後、国連は安保理決議一二四六を決議に、国連東ティモール・ミッション（UNAMET）を設立することになった。

住民投票が行われることになったが、インドネシア統合派の民兵の活動が活発になる一方、インドネシアの治安当局の活動は低調であり、東ティモールの治安は悪化した。八月三〇日の住民投票で、自治拡大ではなく、独立を選択する結果が示されると、民兵の活動はさらに活発化し、UNAMET要員はオーストラリアに避難する事態となった。こうした中で、オーストラリア軍を中心とする東ティモール国際軍（INFERFET）の設立を認める安保理決議一二六四が採択された。

東ティモールの情勢変化に対して、日本においても凍結されている平和維持軍を解除すべきという議論が起こった。しかし、日本はUNAMETには文民警察官を派遣したが、INFERFETには要員を派遣しなかった。武力行使を伴う可能性のある活動は日本にとってはハードルが高かったのである。

東ティモールは二〇〇二年五月二〇日に独立が決定し、国際連合東ティモール暫定行政機構（UNTAET）が設置された。これは国際連合東ティモール支援団（UNMISET）へと改組される。日本は陸上自衛隊の施設部隊を主力とする派遣隊を二〇〇二年三月から現地に送ることとなった。この活動は二〇〇四年まで継続される。

## †9・11、テロとの戦い

二〇〇一年九月一一日、イスラム過激派テロ組織アルカイダによるテロ攻撃が米国を襲った。同時多発テロを受け、米国はテロとの戦いへと突入する。

テロ攻撃の翌日に当時の小泉純一郎首相は記者会見を行い、「米国のみならず、民主主義社会に対する重大な挑戦であり、強い憤りを覚える」と、強い調子でテロ攻撃を批判した。同時多発テロを受けた日本政府の対応は素早かった。柳井俊二駐米大使は九月一五日に知日派として知られるアーミテージ国務副長官と会見し、その席上でアーミテージが発言したとされたのが「ショー・ザ・フラッグ」という言葉である。この言葉は、後にアーミテージではなく、九月一二日に国防総省のジョン・ヒル日本部長と小松一郎駐米公使の電話会談で出されたとされている。この会談で出されたヒルの言葉が当時官房副長官だった安倍晋三によって、広まっていった。

「ショー・ザ・フラッグ」という言葉は、その後の日本が人的貢献を行う際の合言葉となっていった。アーミテージは知日派として知られており、アーミテージがそう言うのならばということで自然と受け入れられていった。

当時駐米大使であった柳井をはじめ、テロとの戦いにおける日本の貢献策を推進した人々は、何らかの形で湾岸戦争における米国の逆風を体験していた。柳井は湾岸危機から湾岸戦争、そしてPKO協力法制定に至るまで外務省の条約局長を務め、その後は内閣官房に新たに設けられた国際平和協力本部の事務局長を歴任している。

柳井は、米国でメディアに対して、湾岸戦争の教訓から「顔の見える支援」の必要性を繰り返し指摘した。

「顔の見える支援」の必要性を痛感していたのは、外務省関係者だけではない。海上自衛隊の関係者たちも目に見える形で支援すべきとの意見が強かった。テロ攻撃を受け、米国は臨戦態勢に入っており、こうした状況の中で日本が何もしないということは許されないというものだった。

こうした中で米国から要請されたのが空母キティホークの護衛だった。キティホークは横須賀を母港としていたが、テロを受け、緊急出港することになった。これに対して、海上自衛隊は在日米海軍から浦賀水道を出るまでの間の護衛を要請された。旅客機を使用したテロを警戒していたのである。

この要請に対して、海上幕僚監部は米国の要請を受けるべきと主張した。しかし、法的根拠の問題があった。防衛出動や海上警備行動の要件は満たしておらず、これらを根拠とすることはできなかった。

結局、防衛庁設置法第四条による調査・研究を根拠とすることになった。九月二一日早朝に横須賀を出港したキティホークを護衛艦しらねとあまぎりが前後から護衛し、周りを海上保安庁の巡視船が固めるという布陣になった。当時海上幕僚監部防衛部長としてこの決定に関わった河野克俊は、「正確に言えば、キティホークを護衛するふりをしていただけだ」と振り返る。攻撃を想定した突き詰めた議論はされておらず、攻撃が行われたとしたら、正当防衛や緊急避難で対応せざるを得ない状況だった。

結局、何事もなく、キティホークは出港していたが、この判断についてメディアから疑問の声が上がった。海上幕僚監部の独走という観点から報じるメディアもあり、関係者の処分も取り沙汰された。当時防衛庁長官だった中谷元（なかたにげん）は防衛政策課長から官房長官秘書官に連絡したと記者会見で明らかにしている。その意味では、海上自衛隊の独走ではない。

その後、米国からの感謝を伝えるメッセージがもたらされ、処分はうやむやとなった。しかし、これは日本の安全保障政策で繰り返されてきた場面に過ぎない。法的整備が追い付かず、アクロバティックな論理で現場が対応する。本来責任を取るべき政治ではなく、現場がそのつけを払わされる。キティホークの護衛をめぐる問題はその一つとも言える。

## †テロ特措法

テロとの戦いにおいて、日本が具体的に何をするのかということについての検討は、九月一三日から開始されている。古川貞二郎（ていじろう）官房副長官の下、外務省や防衛庁、そして内閣法制局からスタッフを集めて検討を開始した。

外務省が新法制定を提起したのに対して、防衛庁は周辺事態法による対処を主張した。周辺事態法については、一九九九年一月に小渕首相が「周辺」の範囲について「中東とかインド洋とか、まして地球の裏側は想定していない」と発言しており、インド洋への派遣の根拠としては不適当とされた。結局、特別措置法による対処、連立与党の公明党の意向もあり、時限立法とすることになった。

小泉首相は対米支援策を携えて訪米し、九月二五日の日米首脳会談でテロとの戦いに対する日本の貢献を高らかにアピールした。新法では、国会承認を事前にするか、事後にするかで議論となったものの、結局は自民党や公明党の主張通り、事後承認とすることとなった。事前承認を求めた民主党が反対のまま、法案提出から二四日後の一〇月二九日に法案は成立した。これまでと比べて法案成立が速やかに進んだのは、ＰＫＯ協力法や周辺事態法など、これまでの経験がものを言った結果であった。

米国はアルカイダを同時多発テロの首謀者とし、潜伏先のアフガニスタンを支配していたタリバン政権に引き渡しを求めた。タリバン政権は要求を拒否し、米国は一〇月七日にアフガニスタンへの攻撃を開始する。

日本は、テロ対策特措法に基づき、一一月二五日に海上自衛隊の補給艦と護衛艦をインド洋に派遣した。一一月一三日には首都カブールが陥落し、タリバン政権が崩壊したが、インド洋への海上自衛隊の派遣は二〇一〇年まで続けられることになる。

### †イラク戦争

タリバン政権が崩壊した後、テロとの戦いはイラクへと移っていった。イラクは湾岸戦争の停戦条件である大量破壊兵器の破棄を行っておらず、国連の査察にも非協力的であるというのがその理由だった。

二〇〇三年三月一九日に米国はイラクへの攻撃を開始したが、イラクへの攻撃に対しては、ロシア、中国だけでなく、フランスやドイツといった米国の友好国も強硬に反対を表明した。

日本は国連による支持の必要性を訴え、単独で行動を起こそうとする米国を説得し続けた。しかし、残念ながら、米国はイギリスなどと共に有志連合によって、イラクを攻撃することを選択した。

米国は国連の支持獲得をあきらめ、有志連合による攻撃を選択したが、日本は米国を支持するということに変わりはなかった。外務省は、各国の指示が割れている中で米国を支持することはかえって日米関係を強化し、「貸し」を作ることにつながると考えていた。フランスやドイツのように米国を批判するということは選択肢にはなかったと言えよう。

結局、小泉首相は米国がイラクに対する最後通告を出したことを受け、三月一八日に米国の武力行使への支持を表明した。

イラク戦争以前から米国は、戦費負担は求めないが、復興支援のために自衛隊を派遣してほしいという意向を示していた。日本でも、核開発やミサイル開発を推し進めている北朝鮮への脅威認識が高まっていることもあり、同盟国米国との関係を傷つけるべきではないという意見が多かった。

イラク戦争は四月九日に首都バグダッドが陥落し、五月一日にブッシュ大統領が戦争終結を宣言した。とはいえ、イラクは安定しておらず、その後も米国の関与が必要とされた。アフガニスタンと同様に、関与を続けざるを得なかったのである。

## †イラク特措法の成立

米国への支持表明の一方で、対米支援策が検討されていた。その一方で自衛隊派遣には慎重な意見も強かった。当時は武力攻撃事態対処三法案の審議が行われており、イラク派遣まで議論されることは避けるべきとされていた。イラク戦争については、日本国内でも批判の声が上がっていた。

イラク特別措置法の審議が開始されたが、国会審議で焦点となったのが、不安定なイラクに派遣することが妥当なのかという問題だった。日本政府は、自衛隊は非戦闘地域に派遣されるとしていたが、そもそも非戦闘地域の定義をめぐって、論戦が繰り広げられた。小泉首相が「どこが非戦闘地域なのか、私に聞かれてもわかるわけがない」「自衛隊のいるところが非戦闘地域」といった答弁を行った。

実際問題として、刻一刻と状況が変化する中で戦闘地域と非戦闘地域は移り変わっており、明確な線引きは不可能に近い状況だった。そもそも、安全な場所であれば、自衛隊を送る必要はない。戦争が終結したが、いまだに不安定であり、NGOなどが安全に活動できない場所であるからこそ、自衛隊が求められていた。

一方、自衛隊は憲法九条やPKO五原則などによって、戦闘地域への派遣は不可能とされていた。ここでも現実を法律に適応させなくてはならなかった。そのことが、小泉首相の答弁でも浮き彫りとなったと言えよう。結局イラク特措法は七月二六日に成立した。

イラク特措法の成立を受け、自衛隊のイラク派遣に向けた動きが本格化した。しかし、一一月二九日にはイラクで活動中の外務省員二名が襲撃を受け、死亡するという出来事が起こるなど、現地の情勢は安定してはいなかった。

しかし、米国は航空自衛隊だけでなく、陸上自衛隊の派遣も求めた。テロとの戦いでは「ショー・ザ・フラッグ」という言葉が示されたが、今回は「ブーツ・オン・ザ・グラウンド」という言葉で米国の要請が表現されていた。この言葉はアーミテージ国務副長官が言ったとされている。

陸上自衛隊の派遣については一〇月にはイラク南部のサマーワが候補地となったが、実際の派遣は一一月に行われた衆議院選挙後となった。イラク派遣が選挙に影響することを恐れたのである。

陸上自衛隊は二〇〇六年に撤収するまで、サマーワを中心に給水、医療支援、学校や道路の補修作業を行った。サマーワは比較的安全な地域とされていたが、迫撃砲による宿営地への攻撃を受けた。

イラクにおける任務は表向きには米軍などとは別個の動きとされていた。これは憲法上集団的自衛権の行使が認められていないためである。しかし、サマーワにおいては、治安維持をオランダ軍、オランダの撤退後はイギリス軍とオーストラリア軍が担っていた。彼らとの連携なしに自衛隊が単独で行動するということはありえないと言っても良い。そのため、水面下での協力体制を結んでいた。

撤収後に公開された日報では、日常的に他国軍の連絡将校とのやり取りがあったことが赤裸々に記載されている。とはいえ、これらの行為は集団的自衛権に触れる可能性があった。イラクにおける自衛隊の活動において、他国との連絡があったことは当たり前のことだが、これすらも公表できないというのは集団的自衛権の行使を認めない、もしくはこのことによって政治問題化することを恐れるがゆえのことであろう。

## †拡散安全保障イニシアティブ参加

二〇〇三年五月三一日に米国のブッシュ大統領が拡散に対する安全保障構想（ＰＳＩ）

を発表すると、日本はこれに対して参加を表明した。この構想は、大量破壊兵器や弾道ミサイルの拡散を阻止するため、各国が連携し、関連物質の移送や関連技術の移転を防ぐための取り組みである。各国は連携し、国際法と国内法の枠内で軍・警察・沿岸警備隊・税関・情報機関・国境警備隊などが情報交換・阻止行動を行うとしている。

この構想ができたきっかけは北朝鮮からイエメンに向けて輸出されていたスカッドミサイルを阻止できなかったことだ。二〇〇二年一二月に北朝鮮からイエメンに向かっていたソ・サン号をスペイン海軍が発見し、臨検した。ソ・サン号はスカッドミサイルを輸送中であり、スペインはこれを差し押さえたが、輸出を阻止する法的根拠がなかったために、積み荷を返却しなければならなかった。この経験から、米国は拡散防止のために同盟国の連携を求めたのである。

ＰＳＩは不拡散を促進するための規範を創設するという意味合いが強い。実施については各国に裁量がゆだねられており、会合への参加に対しても強制を行うわけではない。あくまでも関係国の協力を提唱しつつ、大量破壊兵器の拡散防止に向けた規範を醸成するという意味合いが強い。

とはいえ、日本は北朝鮮という大量破壊兵器、弾道ミサイルの拡散を行う可能性の高い国を抱えており、これに対する警戒は強い。そのため、日本はこれまでにＰＳＩ阻止訓練を主催するだけでなく、各国が主催するPSI阻止訓練に自衛隊や警察、そして海上保安庁を派遣してきた。この取り組みへの参加によって、日本と各国との協力関係が醸成されていると言えよう。

### †ねじれ国会とISAF派遣論

二〇〇一年の同時多発テロ以降、海上自衛隊がインド洋に派遣されていたが、この派遣問題が政治課題となる。二〇〇七年七月二九日に行われた第二一回参議院選挙で自民党が敗北し、民主党が参議院における野党第一党となり、自民党を中心とする与党は過半数を獲得できなかった。

インド洋派遣の根拠となるテロ対策特別措置法は成立当初は二年間有効の時限立法だったが、二〇〇三年の改正で二年延長され、二〇〇五年一〇月の改正では一年、二〇〇六年一〇月の改正では一年が再延長されていた。二〇〇七年一一月一日にその期限を迎えたのである。

ねじれ国会となったため、特措法の延長のためには野党の賛成が必要だった。これに対して、民主党代表の小沢一郎は海上自衛隊のインド洋派遣を直接的に規定する国連決議はなく、米国への支援は集団的自衛権の行使を禁ずる憲法に抵触するとして、強く反対した。

これに対して、米国も小沢との会談に乗り出し、延長に理解を求めた。八月八日に民主党本部でシーファー駐日大使と小沢の会談が行われ、その席上で、シーファー大使は「日本の貢献は非常に重要。日本の燃料提供停止で英国やパキスタンは参加できなくなる」として、インド洋における給油活動の重要性を指摘した。そのうえで、「(米軍の)機密情報も提供する用意がある」とも述べ、日本に最大限の配慮を見せた。

しかし、小沢は「米軍中心の活動を規定する国連決議はない」とし、インド洋における活動は集団的自衛権に該当し、憲法上認められないという立場を取った。湾岸危機以降、自衛隊の海外派遣に国連決議を求める姿勢を堅持し続けたのである。

民主党がテロ特措法の延長に賛成する見込みがないと悟った政府は、テロ特措法の延長ではなく、新法制定へと方針を転換した。政府は期限付きの新法制定へと動こうとしたが、安倍晋三首相が九月一二日に辞意を表明する。

小沢代表との会談が断られ、テロ特措法延長の見通しが立たないことを理由として挙げた。しかし、新法の提出や、参議院で否決された後に衆議院で三分の二の賛成をもって、再可決することも可能であり、インド洋における活動を継続できないというわけではなかった。このときの安倍の辞任は、体調不良が原因であり、テロ特措法の問題は退陣の口実となったと言える。

しかし、安倍が退陣したとはいえ、インド洋派遣の問題はそのまま残されていた。安倍の後を継いだ福田康夫は一〇月一七日に新テロ特措法を提出した。新法は、二〇〇八年一月一一日に参議院で否決された後、衆議院で与党の三分の二の賛成を受けて、可決・成立した。しかし、新法制定は旧テロ特措法が失効する一一月一日には間に合わなかった。そのため、海上自衛隊はインド洋からの撤退を余儀なくされた。

インド洋における活動の延長の可否が議論される中で、小沢が提案したのが、国際治安支援部隊（ISAF）への派遣だった。アフガニスタンへの軍事作戦（不朽の自由作戦：OEF）に加え、アフガニスタンの治安維持などを目的に、国際治安支援部隊（ISAF）が結成されていた。

小沢は『世界』二〇〇七年一一月号において、OEFへの参加は適切ではないが、ISAFへの派遣は憲法に抵触しないと述べ、ISAFへの派遣を提唱した。小沢の指摘とは異なり、両者の活動は密接につながっており、無関係ではない。しかし、小沢がISAF派遣を提唱したのは、ISAFが安保理決議に基づく活動だからである。

湾岸危機以降、小沢は国連決議があれば、自衛隊派遣は合憲であるという議論を展開し続けていた。ISAF派遣論はこれを反映したものといえよう。

とはいえ、湾岸戦争の頃とは時代が異なっていた。アメリカは単独行動主義へと変わっており、国連による強制活動はボスニアやソマリアでその限界を露呈していた。こうした中で、地域機構はなく、アメリカ以外の選択肢となると国連しかないのも事実だった。しかし、その国連には冷戦終結直後のような力はなかったのである。

小沢の議論に対しては批判が寄せられた。アフガニスタン戦争以降、アフガニスタンの治安状況が改善しているわけでもなく、ＩＳＡＦは武力行使を伴っている。しかし、日本は憲法上、武力行使を伴う活動は許されていない。小沢は、国連活動であれば、憲法違反でないという議論を展開したが、それを世論が受け入れるかは別問題だった。小沢のお膝元である民主党内からも困惑の声が上がった。結局、小沢のＩＳＡＦ派遣論は具体化しないまま、終わったのである。

### †ソマリア沖海賊の急増

新テロ対策特措法が成立し、インド洋における給油活動が継続されることになったが、海上自衛隊はインド洋だけでなく、アフリカにも派遣されることになった。それが、ソマリア沖での海賊対処である。

ソマリアは一九八八年の内戦勃発以降、不安定な状況が続いていた。一九九二年に国連ＰＫＯ（ＵＮＯＳＯＭＩ）が展開し、内戦の収拾を図ろうとした。しかし、事態は好転せず、米国を主力とする多国籍軍・統合任務部隊（ＵＮＩＴＡＦ）が展開を始め、一九九三年には強制力の付与が必要との見解から、新たな国連決議を得て、ＵＮＯＳＯＭⅡが設立された。

しかし、国連の調停に反対するアイディード将軍派幹部の逮捕を目的とした米軍の作戦で米軍とソマリアの市民に犠牲が出てしまう。このモガディッシュの戦いは後に映画にもなったが、自国軍の犠牲に対して、当時のクリントン政権は撤退を決断する。ＵＮＯＳＯＭⅡは米軍の撤退後も活動を続けたが、治安状況は改善されず、一九九五年三月三日に完全撤退を完了した。

アイディード将軍は一九九五年六月に大統領就任を宣言したが、この政府は国際社会から認められず、ソマリアの他の軍閥に対する影響力もほとんどなかった。ソマリアでは引き続き、内戦が続くことになる。

こうした事態の中で問題となったのが海賊の横行である。ソマリアが面するアデン湾はインド洋からアラビア海を経て、スエズ運河へと至る途上に位置している。二〇一〇年に内閣官房がまとめた海賊対処レポートによると、年間約一万八〇〇〇隻の船舶が通過している。いわば、アジアとヨーロッパを結ぶ海上交通路の要衝となっている。

二〇〇八年にこの地域で海賊の出没が急増した。ソマリアの治安が不安定ということもあり、ソマリア周辺海域は海賊行為が多発している地域であった。しかし、二〇〇五年以降海賊は急増するようになった。こうした事態を受けて、喜望峰回りに迂回する船や保険料率の引き上げ、当該海域を通過する船舶に船員の乗り組み拒否が発生するなど、事態は深刻なものになっていた。

こうした中で、国連安全保障理事会は二〇〇八年六月に安保理決議一八一六を全会一致で採択した。これはソマリア暫定政府の要請を受け、日本などが共同提案国となる形で出されたもので、人道支援物資の輸送と通商航路の安全確保のため、六カ月間加盟国の海軍艦艇に国連憲章第七章に基づき、武力行使を含む必要なあらゆる措置を取って、海賊行為を阻止するというものだった。一〇月にこの決議の適用期間の延長を確認する安保理決議一八三八が採択され、一二月には米国が提案し、沿岸部での空爆を含め、ソマリア国内で必要とされるあらゆる措置を取ることを可能にする安保理決議一八五一が全会一致で採択された。こうして、国際社会はソマリア沖の海賊対処に武力をもってあたることになったのである。

### †海賊対処法の成立

国際社会においてソマリア沖の海賊への対策が強化される中で、日本国内でも海賊への対処を求める声が大きくなった。当該海域を通過する船舶の中で日本船籍、もしくは日本の会社が運航する外国船籍、日本の船会社が一〇〇%出資する海外子会社が運航する外国籍の船といった日本に関係する船舶の占める割合は一〇%にも達している。そして、ソマリア沖海賊への対処強化を掲げている安保理決議一八一六は日本が共同提案国になっていた。こうしたこともあり、ソマリア沖海賊対処に日本が何らかの支援を行うべきとする意見が強くなったのである。

海賊対処で問題となったのが、武器使用基準の問題だった。海上保安庁や海上警備行動による自衛官の職務執行を定めた警察官職務執行法では、武器使用基準を厳しく定めていた。そこでは、正当防衛や緊急避難、そして懲役三年以上の重大容疑者が逮捕時に抵抗・逃亡する場合に武器使用を許容していた。しかし、海賊行為はそもそも懲役三年以上の重大犯罪にあたらないため、武器使用は難しかった。海上保安庁が海賊に対処する場合でも、海賊船への船体射撃は難しい。しかも、海賊の定義自体が定められておらず、海上警備行動は国内での活動を想定していたため、取り締まりの実効性に疑問が呈されていた。

そのため、政府と自民党は、二〇〇九年一月に海賊対策プロジェクトチームを発足させ、具体策の立案を図った。自民党は一月二〇日に報告案をまとめ、海賊対処法の制定に向けた検討を行うとした。しかし、二八日には海賊対処法の制定を待たずに、防衛大臣が海上自衛隊に海上警備行動を発令することを閣議決定した。その上で、海上自衛隊の護衛艦を派遣し、海賊などの取り調べには護衛艦に同乗した海上保安官が実施することを決定した。加えて、四月三日には現地での活動に備え、拠点となるジブチでの自衛隊の扱いや海賊対処について定めた地位協定をジブチ政府との間で締結した。

海上保安庁の巡視船ではなく、海上自衛隊の護衛艦を派遣することとした理由は、海上保安庁の巡視船では能力が不足しており、他国と足並みを揃える必要があったためである。海上保安庁の巡視船は、国内での活動を前提としており、ソマリア沖までの長距離航海を想定した任務に対応可能で、かつ海賊のロケットランチャーなどの武装に対応できる船舶はほとんど保有していなかった。また、ソマリア沖の海賊対処にあたる他国は海軍を派遣しており、協力を行うためには海上保安庁ではなく、海上自衛隊が護衛艦を派遣する方が合理的であった。

こうして、二〇〇九年三月一四日に海上自衛隊の護衛艦派遣が開始された。護衛艦二隻と海上自衛隊の特別警備隊、そして海上保安官が派遣された。加えて、対潜哨戒機（たいせんしょうかいき）のP3Cと機体の護衛として陸上自衛隊の中央即連帯、さらには物品や人員の派遣のために航空自衛隊の輸送機も投入された。

しかし、海賊対処法ではなく、海上警備行動による取り締まり活動だったために行動には制約がかけられた。海賊対処部隊が行うのは正当防衛などに限定され、外国船舶の救難要請は船員法一四条を根拠として行うこととなった。

現地での活動を円滑に進めるためにも新法の制定は必要だった。しかし、当時はねじれ国会であり、参議院を通過させるためには野党の協力が不可欠だった。野党第一党の民主党は、二〇〇八年一〇月七日の衆議院テロ対策特別委員会で所属議員の長島昭久(あきひさ)が自衛官によるエスコートを提案し、海賊対策への道筋を開いていた。海賊対策について、全日本海員組合、日本船主協会にヒアリングを行うなど、具体化を進めていた。

しかし、民主党は派遣時の国会承認が必要として、新法が海上自衛隊派遣を前提としているために新法への反対を表明した。国会で審議が行われ、六月一九日の採決では賛成多数で衆議院を通過したが、参議院では民主党などの反対多数で否決された。その後、衆議院で再可決され、海賊対処法が成立した。こうして、ソマリア沖の海賊対処は新法を根拠とすることに変更された。

### †ソマリア沖海賊対処の実際

自衛隊のソマリア沖海賊対処任務は、アデン湾を航行する船舶に船団を作らせたうえで、護送するエスコート方式を取っていた。しかし、二〇一三年一二月以降は、米海軍など各国の海軍が人員や艦艇を拠出する第一五一合同任務部隊（CTF151）に護衛艦一隻を編入、二〇一四年二月以降はＰ－３Ｃなどの派遣航空隊もＣＴＦ１５１に編入した。ＣＴＦ１５１では二〇一五年に海上自衛官が司令官に着任し、訓練以外で多国籍部隊の司令官となる初めての例となった。

二〇一一年六月一日にはジブチ政府から空港内の敷地を借り、整備用格納庫、宿舎、駐機場を整備した。これにより、自衛隊初の恒久的な海外施設が開設された。元々、自衛隊部隊はジブチ国際空港に隣接する米軍キャンプを拠点にしていたが、駐機場まで時間がかかり、現地は気温が五〇度を超えることもあるなど、過酷な環境であった。そのため、任務の効率化と現地隊員の待遇改善のために恒久拠点が開設されたが、日本から遠いアフリカでの有事の際に在外邦人保護などでの拠点として使われることも想定されている。

海賊対処任務自体は、任務開始後海賊の出没数が減少しており、一定の成果があったと見られている。しかし、ソマリア情勢は不安定なままであり、部隊を完全撤退してしまえば、また海賊が増加することが予想されている。そのため、退くに退けない状況となっている。

また、海賊対処法案反対派が指摘するように法案化を待たずに海上警備行動を根拠として派遣したのは、ソマリア沖の海賊対処に緊急性があったとはいえ、なし崩しと指摘されても仕方がない面がある。

他方で、反対派の議論には疑問が残る。各国が海軍を派遣する中で、日本だけが海上保安庁を派遣することは任務の実効性を担保できない可能性が高い。海上自衛隊の派遣については、そこまでして派遣する意味があるのかという疑問が反対派から呈されているが、それではそこまでして海上保安庁を派遣する必要性があるのかという疑問もある。単なるパフォーマンスにしかならない恐れもある。

また、海賊を根絶するためにはソマリアの政情安定化を図るべきという反対派の意見はその通りである。しかし、政情安定化には長い年月がかかり、その間、海賊を放置して良いということもない。政情安定化のための対策と海賊行為への対処はどちらか一方ではなく、両方が必要といえよう。

## †民主党政権の発足と自衛隊海外派遣

二〇〇九年九月一六日に鳩山由紀夫が政権の座に就いた。一九九四年の羽田孜(はたつとむ)内閣以来の非自民政権の発足である。しかし、これまで見てきたように民主党は、自民党政権が行ってきたテロ特措法やイラク特措法、そして海賊対処法にも反対してきた。しかし、海上自衛隊のインド洋派遣やソマリア沖の海賊対処を民主党政権は引き継ぐことになった。それでは、自衛隊海外派遣はどのように扱われてきたのであろうか。

鳩山政権は期限が迫っていた新テロ特措法の延長は行わないことを表明した。こうして、二〇一〇年一月一五日に新テロ特措法は失効し、インド洋派遣は終了することになった。中止される任務がある一方で、継続される任務もある。それがソマリア沖の海賊対処だ。ソマリア沖の海賊対処については、任務を継続することになった。しかも先述のように二〇一一年六月一日には、ジブチにおける基地機能の強化が行われている。

そして、民主党下において、新たなミッションも行われている。それが南スーダンへのPKO派遣だ。

## †南スーダンPKO派遣

二〇一一年に行われた分離独立の是非を問う住民投票の結果、南スーダン共和国が誕生した。南スーダンは元々、スーダン領内にあったが、南部と北部は長年にわたり対立しており、南部には制限付きの自治権が認められていた。その後、一九八三年から長期に及ぶ内戦状態に突入し、二〇〇五年に成立した南北包括和平合意の結果、南部には自治が六年間与えられ、二〇一一年一月に分離独立の是非を問う住民投票が行われることになった。

分離独立の結果誕生した南スーダンに対して、国連は国際連合南スーダン派遣団（UNMISS）の派遣を決定した。これは南スーダン独立後の地域の平和と安全の定着、そして南スーダン共和国の発展のための環境構築の支援を含んでいる。二〇一一年七月八日に国連決議一九九六が全会一致で採択され、UNMISSを設けることが決定した。

九月二一日に野田佳彦首相と潘基文事務総長が会談を行い、司令部要員として自衛官を派遣することを表明した。一方、施設部隊については、現地調査を行った上で可否を決定するとした。南スーダン共和国は独立したとはいえ、まだ安定しているわけではない。部族間の抗争が頻発しており、治安状態には不安がある状況だった。こうした状況を見て、防衛省としては派遣に消極的だった。一方で、スーダンは中国の支援を受けており、中国のアフリカにおけるプレゼンス強化を牽制するためにも、UNMISSを実効性のあるものにする必要があった。こうした観点から、一一月一日に行われた閣議において、司令部要員だけでなく、施設部隊の派遣も決定した。

## †能力構築支援と民主党における自衛隊海外派遣

民主党政権は非自民の政権であり、これまで批判してきた自民党下の自衛隊海外派遣任務を引き継ぐことになった。しかし、実際の任務の継続、中止については対応が分かれている。海上自衛隊のインド洋派遣は新テロ特措法の延長を行わずに撤収、一方のソマリア沖の海賊対処は任務を継続している。また、民主党政権下では南スーダンへのPKO派遣といった新しいミッションへの参加も行っている。

民主党政権は、自衛隊海外派遣に対して、後ろ向きだったというわけではない。国連による平和活動については自民党以上に熱心だった。本多倫彬（ほんだともあき）が指摘するように安倍政権の積極的平和主義は、国際平和協力に関する限り民主党政権の成果を引き継いだものと言える。

民主党政権において、新たに開始されたのが、能力構築支援である。能力構築支援とは、自国が有する能力を活用し、他国の能力の構築を支援することを指す。日本では、二〇一〇年一二月に閣議決定された「防衛計画の大綱」において、防衛省・自衛隊による能力構築支援が打ち出された。そこでは「日本がアジア太平洋地域の安全保障環境の一層の安定化のために適切な役割を果たすために、非伝統的安全保障分野を中心に、自衛隊が保有する能力を活用した協力を推進する」としている。そして、「グローバルな安全保障環境の改善のため、平和構築や停戦監視を含む国際平和協力活動に積極的に取り組むとともに、自衛隊の能力を活かし、国際テロ対策、海上交通の安全確保や海洋秩序の維持、破綻国家等の能力構築支援などに取り組む」とある。そこでは、アジア太平洋地域の安定とグローバルな安全保障環境の改善というそれぞれの分野において、自衛隊の能力を生かした協力を行うことが謳われている。

二〇一一年には防衛省防衛政策局国際政策課に「能力構築支援室」が新設され、二〇一二年からモンゴル、東ティモールなどへの事業を開始した。モンゴルでは、セミナーを開催することにより、医療分野の能力構築を図り、東ティモールでは人道支援・災害救援分野の能力向上を図るというものだ。

これまで他国から技術支援を求める声はあったが、ODAやPKO、国際緊急援助などの枠組みでは行えなかった。能力構築支援は木場紗綾（きばさや）、安富淳（やすとみあつし）が指摘するようにそれらの枠組みでは拾いきれないものを対象としているという意味で画期的なものだった。そして、能力構築支援は民主党政権が終わった後も引き継がれていくことになる。

第 5 章
# 自衛隊海外派遣のゆくえ
## ——米中対立の時代

入間基地にて、邦人らの退避支援のためアフガニスタン近隣国に向かう航空自衛隊のC130輸送機（2021年8月24日、写真提供=共同通信）

## †安倍政権の発足と安全保障体制の改革

二〇一二年一二月二六日に発足した第二次安倍政権で特徴的だったのが、外交・安全保障体制の強化を進めたことである。第一次政権においても、同様の問題意識は持っていたが、短命ということもあり、実現できないものもあった。その一つが国家安全保障会議(NSC)の創設である。国家安全保障会議の設立については、官邸機能、危機管理機能の強化と合わせて、大平政権期に出された総合安全保障に関する報告書から議題として挙げられていた。第一次安倍政権においても、実現が模索されていたが、実現には至らなかった。

二〇一三年一月にアルジェリアで発生した天然ガス施設襲撃事件で日本人一〇名を含む多くの人質が死亡した。この事件において、情報収集に手間取ったことなどをきっかけに国家安全保障会議設立に向けた動きが加速することになる。民主党政権を経て、外交・安全保障の継続性や一元化に対する関心が高まっていたこともあり、国家安全保障会議とその事務局機能を持つ国家安全保障局は二〇一三年一二月に発足する。

国家安全保障会議は、外務省や防衛省など関連省庁からの出向スタッフで構成されていたが、数年で行き来をすることにより、横のつながりが生まれることになった。官邸機能強化の流れや安倍政権自体が長期政権だったということもあり、各省庁に分散していた情報が国家安全保障会議、国家安全保障局へと集約される流れを生むことになった。しかし、その一方で各省における情報収集、政策決定機能の低下も指摘されている。

自衛隊海外派遣の話に戻ると、アルジェリアの人質事件は邦人救出に関する議論に一石を投じることになった。海外でテロに巻き込まれた邦人を政府が救出すべきではないという問題である。実際問題として、海外で発生した人質事件で日本の自衛隊が救出活動を行うことは難しいのが現状である。現地政府が他国の介入を嫌がることがしばしばあり、現地政府との連携なしに単独で活動するのはハードルが高い。米国であっても、イラン大使館占拠事件の際のイーグルアロー作戦の失敗など、この種の活動には失敗がつきものである。果たして、日本がどこまでできるのかというのは疑問の余地が残る。しかし、この事件をきっかけとして、日本政府にはこの種の事件における国家の役割を法的に位置付けることになった。この議論も後の平和安全法制に盛り込まれることになる。

### †集団的自衛権の解釈見直し

安倍政権は外交・安全保障政策に力を入れていたが、その中で大きな問題となったのが、集団的自衛権の解釈見直しと平和安全法制だった。

集団的自衛権とは、日本政府の解釈によると、日本と密接な関係にある外国に対する武力攻撃を、日本が攻撃されていないにもかかわらず、実力をもって阻止する国際法上の権利と定義されている。従来、日本政府は、憲法九条においては日本が武力攻撃を受けていない状況で、同盟国等のために武力行使をすることは許されないとしていた。集団的自衛権の行使否定は、武力攻撃にとどまるものではない。湾岸危機においては、多国籍軍の人員や武器弾薬の輸送は武力攻撃につながる行為とされた。そのため、日本は集団的自衛権の行使否定という観点から、制約を加えていたのである。

しかし、湾岸危機を経て、日本は自衛隊の活動を拡大させ、法整備を進めていった。集団的自衛権をめぐる政府解釈は変更されていたわけではない。自衛隊の活動は集団的自衛権に触れない範囲に限定されているとしてきた。とはいえ、活動が拡大する中で、法解釈と実態に乖離(かいり)が生じ、疑問の声が上がっていたのも事実である。

集団的自衛権をめぐる議論で特徴的だったのが、解釈変更反対派が従来の政府解釈を是としたことである。米軍への給油など、これまでに日本政府が進めてきた施策における法的解釈をもとに、これらの活動は個別的自衛権の範囲であるとした。そこでは、安倍政権が集団的自衛権の解釈変更によって新たに可能となる任務であっても、集団的自衛権の解釈変更を行う必要はなく、個別的自衛権で対応すれば良いとする議論もあった。

従来政権を担ってきた自民党の安倍政権がこれまでのように個別的自衛権で対応するのではなく、集団的自衛権の解釈変更を行うべきとし、野党や反対論者がこれまでの政府の取り組みの継続を是とするという不思議な現象が生まれていたことも事実であった。

安倍政権は、従来のように個別的自衛権の範囲とすることで生じている歪みを解釈の変更によって乗り切ろうとしていた。第一次安倍政権においても、有識者懇談会を立ち上げ、解釈変更に乗り出そうとしたが、実現しなかった。第二次安倍政権において、改めて取り組むこととなったのである。

集団的自衛権の解釈変更に反対していたのが内閣法制局だった。内閣法制局は、これまで集団的自衛権は違憲であるとして、政府答弁を作成してきた。湾岸危機以降も、集団的自衛権は違憲という認識の下で、法整備を支えてきた。それが、政府解釈の変更によって、集団的自衛権の行使が可能ということになると、これまでの答弁との齟齬(そご)が生まれてしまう。内閣法制局はこれまでの議論の積み重ねという点から、これに反対の立場をとっていた。

これに対して安倍政権は内閣法制局長官に外務省から小松一郎駐仏大使を充てる。小松は、集団的自衛権行使に容認の立場であった。集団的自衛権の行使については、湾岸危機以降、解釈を拡大させようとする外務省と慎重な内閣法制局という立場の違いがあった。

内閣法制局長官に外務省出身者を充てる人事で、集団的自衛権の解釈変更に乗り出すことを示したのである。

一方、集団的自衛権について、安倍政権が抑制的だったのも事実である。有識者懇談会の答申は全面的な行使解禁であった。しかし、連立を組む公明党の反対などにより、限定的な行使容認となった。そのため、集団的自衛権の行使は「我が国の存立が脅かされ、国民の生命、自由および幸福追求の権利が根底から覆される明白な危険がある場合」に限定されることとなった。

## ✝平和安全法制

集団的自衛権の解釈見直しと合わせて、安倍政権がこだわったのがいわゆる平和安全法制の成立である。これは自衛隊法、国連ＰＫＯ協力法、周辺事態法、船舶検査法、事態対処法、米軍等行動関連措置法、特定公共施設利用法、海上輸送規制法、捕虜取扱い法、国家安全保障会議設置法といった、一〇個の関連法を一括で改正する法案であった。

平和安全法制の整備により、これまで課題となっていたができなかったもの、例えば、在外邦人等の保護措置、米軍等の部隊の武器等の防護や駆けつけ警護などが可能となった。それだけではなく、集団的自衛権の解釈見直しを踏まえ、存立危機事態への対処も盛り込まれた。

平和安全法制の成立に安倍政権は意欲を燃やしたが、二〇一五年六月四日の衆議院憲法審査会で自民党が推薦した早稲田大学教授の長谷部恭男が野党の質問に答える形で、違憲であると答弁したことをきっかけに議論が紛糾した。同法案に反対する学生団体が結成されるなど、平和安全法制を疑問視する意見も出てくるようになった。

平和安全法制に対しては、関心が高まったものの、国民的な議論が深まったとは言えない。推進する安倍政権は、在外邦人等の保護措置や駆けつけ警護など、法整備によってできる活動を紹介することで、国民の支持を得ようとした。しかし、これらの活動が日本の安全保障にどのように役立つのか、さらに言えば、平和安全法制の成立によって、何が変わるのかというグランドデザインを提示できていない。駆けつけ警護や、ホルムズ海峡における掃海など、限定された状況での対処という実務的な問題を列挙するにとどまっていった。

反対する側も集団的自衛権の解釈見直しや平和安全法制成立への手続きを批判したが、平和安全法制の代わりとして、日本の安全保障をいかに運営していくかという代替案を提示できなかった。そのため、結局は法手続きの不備、憲法九条に照らして違憲か合憲かという従来の神学論争が再び展開された。平和安全法制をめぐる論争は深まらないまま、成立へと至った。

集団的自衛権の解釈見直しや平和安全法制が、日本の安全保障政策を変えたことは事実だが、あくまでも限定的な変更にとどまっている。湾岸危機以来、日本政府は対応が必要な事態が発生するたびにそれに合わせて法整備を行ってきた。しかし、それによって、憲法を中心とした法体系と実務との間に齟齬が生じていたのも事実である。とはいえ、憲法改正はハードルが高く、実現が困難というのが実際のところであった。こうした中で、歪みを解消するために解釈変更で乗り切ろうとした安倍政権の判断は理解できなくもない。しかし、平和安全法制は在外邦人等の保護措置や駆けつけ警護といった対応が必要な事態への応急措置にとどまっているということも事実だった。あくまでも個別の事例を容認するという、憲法上これはできるというポジティブリストに新たなリストを加えただけとも言える。

しかし、一方で平和安全法制をめぐる議論は、安全保障問題に対して、世論が日本に積極的な関与を望むようになっていたことを証明してもいた。一九六〇年の安保騒動など、これまでは日本が安全保障政策を転換させようとしていたときには大きな反対が巻き起こり、時の政権が失脚してしまうほどだった。しかし、平和安全法制をめぐる議論では、反対勢力が注目を集めたものの、国民的な支持を集めるには至らなかった。安全保障論議に対して、ただ反対するだけでは不十分だということを示したと言えよう。その意味では、平和安全法制をめぐる議論は、賛成派、反対派双方に課題を残す結果となった。

### †開かれたインド太平洋と能力構築支援

第二次安倍内閣は、麻生内閣で失った政権与党の座を奪還したというだけではなかった。第一次安倍内閣においても、安倍首相は外交・安全保障政策の転換を掲げていたが、第二次安倍内閣では、積極的平和主義に基づく、地球儀を俯瞰する外交を掲げていた。

麻生太郎政権以降、自民党政権は自由と繁栄の弧のような価値観外交を進めていたが、第二次安倍政権が発足した二〇一〇年代には民主主義国家ではなく、権威主義国家が力を強めていた。その一方で、安倍政権が重視していたのが、台頭する中国への対応である。

中国が政治・経済・軍事的に台頭しており、沿岸海軍から外洋海軍へと脱皮を図っていた。この過程で、南シナ海では周辺諸国との摩擦が激化していた。日本との関連で言えば、民主党政権下で行われた尖閣諸島の国有化以降、中国の公船が領海に侵入するなどの挑発行為を繰り返していた。

こうした中で、中国に対抗するために、パートナー国との関係を強化していくことが必要であると考えていた。しかし、価値観外交では、権威主義体制国家との協力は難しい。

そこで新たな枠組みが求められたのである。

こうした中で安倍外交は、安全保障論を専門とする神保健が指摘するように、価値観外交ではなく、戦略外交としての趣を強くしていった。安倍外交の戦略的意図が反映されたのが、開かれたインド太平洋（Free and Open Indo-Pacific）、いわゆるＦＯＩＰである。

では①法の支配、航行の自由、自由貿易などの普及・定着、②国際スタンダードにのっとった「質の高いインフラ」整備等を通じた連結性の強化などによる経済的繁栄の追求、③海上法執行能力の向上支援、防災、不拡散などを含む平和と安定のための取組を進めていくとしている。

ＦＯＩＰの掲げる目標を達成するために、防衛省が取り組んでいるのが能力構築支援である。これは日本が有する能力を活用し、他国軍の能力構築を支援する取り組みである。人道支援・災害救援、地雷・不発弾処理など、さまざまな分野において、能力構築を支援する取り組みが行われている。

能力構築支援が初めて明文化されたのは、民主党政権下の二〇一〇年一二月に閣議決定された防衛計画の大綱であった。そこでは、国際社会の責任ある一員として、日本がアジア・太平洋地域の安全保障環境の安定化のために適切な役割を果たすとしている。

能力構築支援事業は、自民党政権においても受け継がれ、二〇一四年一二月に閣議決定された国家安全保障戦略では、能力構築支援をさらに戦略的に活用することが謳われ、事業の拡充が明記された。能力構築支援はＦＯＩＰを陰から支える重要な事業ということが言える。

他方、能力構築支援はＰＫＯの趨勢(すうせい)を表してもいる。ＰＫＯへの要員派遣はバングラデシュなどの部隊が中心となっており、先進国は教育・訓練に重点を置いている。詳述するが、二〇一七年に撤収した南スーダンミッションを最後に自衛隊部隊のＰＫＯ派遣は、二〇二三年現在はストップしている。二〇二三年四月五日に日本政府は政府安全保障能力強化支援（ＯＳＡ）の実施方針を発表した。これは法の支配に基づく平和・安定・安全の確保のための能力向上、人道目的、国際平和協力活動といった分野の能力向上を目的に日本と価値観を共有する国に対して、資機材提供やインフラ整備に対する資金協力を行う枠組みである。こうした能力構築支援は今後も重要な事業として続けられていくであろう。

### †南スーダンからの撤退

安倍政権下の自衛隊海外派遣で問題になったのが、公文書管理をめぐる問題であった。二〇一六年九月三〇日、ジャーナリストの布施祐仁(ふせゆうじん)が、自衛隊南スーダン派遣部隊が作成した日報について防衛省に情報開示請求を行った。二〇一六年七月に南スーダンのジュバで騒乱事件が起こり、政府と反政府勢力の間で激しい市街戦が発生した。この事件には中国のPKO要員が巻き添えとなり、死者も出ている。この事件で自衛隊員には被害がなかったものの、南スーダンの治安状態に不安が生じることになった。この問題は派遣の法的根拠を満たしていないとの指摘も受けることになっている。派遣の法的根拠となっているPKO五原則のひとつ、「紛争当事者の間で停戦合意が成立していること」を満たしていないのではないかというものである。

この問題意識のもとで、布施は情報開示請求を行った。請求に対して、一二月二日に防衛省から日報はすでに廃棄しており、文書不存在につき不開示と回答を行った。この回答に対して、不存在との回答があった旨、ツイッターで発信したところ、河野太郎自由民主党行政改革推進本部長や稲田朋美（ともみ）防衛大臣が日報の存否の再調査を求めた。その結果、一二月二六日統合幕僚監部に電子データとして存在していることが明らかになった。そして、翌年の国会で問題となった。

この問題については、二〇一七年七月二八日に稲田防衛大臣が引責辞任する結果となった。同日、特別防衛監察の結果が公表され、幹部らによる隠蔽を認定した。防衛次官などに停職や減給などの処分が発表され、その後黒江哲郎（くろえてつろう）防衛次官や岡部俊哉（としや）陸上幕僚長は引責辞任となった。

この問題では、公文書管理、情報開示制度の問題点が浮き彫りにされることとなった。防衛省・自衛隊は文書廃棄により不存在とした。この回答は、情報開示に対する消極性がもたらしたものとされている。この問題とは別として、情報公開をめぐっては開示・不開示の判断をするために人員を割かれることとなり、本来業務に支障が出ることが日常だった。加えて、開示した文書が政治問題となる可能性もあることから、開示に消極的となっていたというものである。

防衛省の情報開示については、諸外国では軍事機密として扱われるものが、日本では行政文書として扱われるために公開されているという指摘がある。これは情報公開制度に対する誤解から生じている。情報公開制度では公文書が一定期間を待たずに公開されるということもしばしばである。しかし、全面的な開示が行われているわけではない。機密事項など合理的な理由があれば、開示されない。不開示となった文書については、請求者が決定に不服がある場合には不服申し立てを行うことができる。

今回の問題でいえば、最初から防衛機密の部分を、理由をつけて不開示とするのが妥当であっただろう。開示請求の回答には期限が設けられるが、文書量や作業量が膨大で、期限が延長されることは多い。その後の文書管理を考えれば、機密か否かということについて判断を下すべきであった。

また、今回の問題は、請求者に対しては不存在とされたにもかかわらず、政治家が問い合わせをすると文書の存在が確認されたという経緯もある。これは請求者や問い合わせをした者によって回答が変わってしまうということを意味してもいる。

今回の問題では、情報開示制度の問題点が浮き彫りとなった。自衛隊海外派遣の公文書については、他国軍と活動を行うという性格から、他国の機密情報にも触れるという意味で複雑性が増す。その後、南スーダンやイラク派遣の日報が公開されたが、イラク派遣の日報については米国など他国の情報も含まれているという点も問題視されている。他国の機密情報を開示したということになると、国家としての信頼をも揺るがす結果となる。

結論としては、専門の公文書担当官を増員するなど、情報管理を徹底させる必要があるということだ。行政担当者の裁量ではなく、機密情報取り扱い資格を持つものが慎重な判断を下す、情報開示の枠組みを作るべきであろう。

### †アフガニスタンからの在外邦人救出

二〇二一年八月、アフガニスタン情勢の緊迫化に伴い、アフガニスタンに滞在する邦人等の輸送に際して、自衛隊機が派遣された。五月一日にアフガニスタンに駐留する米軍が撤退を開始した。米軍とアフガニスタンの旧支配勢力ターリバーンとの停戦は実現していたが、ターリバーンとアフガニスタン政府の間では戦闘が続いていた。米軍およびNATO軍の撤収が本格化した五月以降、ターリバーンは攻勢を強めた。その後、アフガニスタン全土を掌握するに至り、アフガニスタンの在留邦人保護の必要性が生じていた。

日本の外務省は、八月一八日を期限とし、民間のチャーター機で日本大使館の職員やアフガニスタン人スタッフなどの約五〇〇人を退避させる計画を立てていた。加えて、治安情勢が悪化した場合、米軍の輸送機に日本人スタッフを同乗させる覚書を交わしていた。この覚書にはアフガニスタン人スタッフが含まれていなかったため、一八日以降、各国にアフガニスタン人スタッフの軍用機への同乗を依頼したが、確約は得られなかった。

こうしたこともあり、自衛隊機の派遣が検討され、二二日に自衛隊機派遣の方針となった。二三日に外務大臣臨時代理の官房長官から防衛大臣に対して、輸送依頼がなされた。同日、防衛大臣は、アフガニスタンからの邦人等の輸送活動を実施するための命令を発出した。この輸送活動では、最大五〇〇人の邦人とアフガニスタン人スタッフおよびその家族を自衛隊の輸送機により、カブール空港から隣国パキスタンのイスラマバードに輸送するとし、活動期間は一週間とされた。

この活動は、結局日本人一名と米国からの要請を受けて輸送した一四名のアフガニスタン人のみの輸送に留まった。救出対象となった約五〇〇人は二〇二一年九月以降に空路や陸路で退避し、二〇二二年二月までにほぼ全員が日本への入国を果たした。

輸送対象者をほとんど輸送できなかったのは、政府の初動が遅れたためとされている。一方で、各国はターリバーンが政権を掌握した八月一五日の段階ですでに退避に動いていた。一方で、日本の派遣命令発出は二三日まで待たねばならなかった。この初動の遅れが各国との差となったとされている。たった一週間の違いだが、在留民間人保護はスピードが命ということを裏付けていると言えよう。

加えて、このときに問題となったのが法制度の問題だった。当時の自衛隊では、外国人のみの輸送は想定していなかった。しかし、アフガニスタンの事例のように、日本人ではなく、外国人の輸送を他国から求められる場合もある。そうした場合に当時の法では対応できなかった。これを踏まえ、外国人だけでも自衛隊機で輸送できるよう、自衛隊法の改正が行われ、二〇二二年四月一三日に参議院本会議で可決成立した。

### †ロシア・ウクライナ戦争

二〇二二年二月二四日、ロシアがウクライナに軍事侵攻を開始した。これを受け、米国などはウクライナを支持し、ロシアを非難するとともに、ウクライナに対する支援を開始した。

日本政府も米国などと歩調を合わせ、ウクライナ支持を表明した。ロシアに対して、最恵国待遇の撤回を行うほか、米国などのロシア制裁に同調し、SWIFT（国際銀行間通信協会）からのロシアの特定銀行の排除を始め、ロシアを国際金融システムや世界経済から隔離させるための措置などを行った。

このウクライナ支援では、資金援助だけでなく、物資支援も行われた。この際、二〇二二年三月八日に防衛装備移転三原則の運用指針を変更することとなった。防衛装備移転三原則は、二〇一四年に制定された武器輸出三原則に代わる新たな政府方針である。日本はウクライナに対して、防弾チョッキやヘルメットなどの自衛隊の装備品を提供したが、防衛装備移転三原則の運用指針は紛争当事国への供与を禁じていた。そのため、運用指針を改定し、ウクライナを国際法違反の侵略を受けている国と認定した上で、今回に限って移転を可能とするようにした。この措置を経て、三月八日にウクライナに防衛装備品を供与するため、自衛隊機に派遣命令を出し、ウクライナの隣国ポーランドに自衛隊機が出発した。

これらの支援に加えて、国連難民高等弁務官事務所（UNHCR）の要請を受け、救援物資輸送を支援するために自衛隊の輸送機が派遣されることになった。この際、救援物資の倉庫があるインドが受け入れを拒否した。インドが拒否したのは着陸のみで、領空通過は許可している。インドは、ロシアとの関係も深いことから、輸送機の着陸を受け入れることで、欧米や日本と共同歩調を取っていると見られることを避けたかったとみられる。軍用機の受け入れは国際緊急援助などでも拒否されることはしばしばである。軍用機や艦船の着陸、寄港は所属国への支持など、なんらかの政治的メッセージともなる。インドのケースはそのためと言えよう。UNHCRの要請を受けた活動は五月一日から六月二七日まで行われた。

ロシア・ウクライナ戦争での支援をめぐっては、湾岸戦争と同様の議論も起こった。二〇二二年四月二五日にウクライナ外務省が制作した動画に日本が含まれていなかったとの指摘がなされた。この動画はウクライナに対する支援に感謝するためのものであり、武器援助などを行った国々を列挙している。日本はこのリストに含まれていなかった。これに対して、佐藤正久(まさひさ)自民党外交部会長が外務省にウクライナ政府への対応を促し、動画が削除された。

佐藤の指摘に対して、SNSでは佐藤の対応を支持するもの、感謝を前提に支援をすることへの批判をするものなど、賛否両論が巻き起こった。湾岸戦争以来、日本では湾岸のトラウマ、つまり湾岸戦争の支援に対して、国際社会からの感謝を受けられなかったことが後遺症となっているという議論がある。この動画をめぐる問題は、支援は感謝を前提としなくてはいけないのかという、湾岸戦争以来の議論がまだ残っていることを表していると言えよう。

# おわりに

## †敗戦から自衛隊海外派遣へ

一九四五年のアジア・太平洋戦争敗戦以降、日本は憲法によって軍隊の海外派兵を禁じてきた。戦争の傷が癒えていない日本にとって、軍備増強は難しかった。国民は戦争の記憶が生々しく、再び戦争に巻き込まれるのを避けたかったのである。

一方で、日本国憲法下で可能な海外派兵についての議論も行われていた。朝鮮戦争における国連軍を例に、国連の指揮下であれば海外派兵も可能という議論も出ていた。こうした議論が出てきた背景には、日本特有ともいえる国連に対する信頼を読み取ることができる。第二次世界大戦後の国際秩序において、国連は新時代の安全保障の担い手とみなされていたのである。この信頼はその後レバノンへのＰＫＯ派遣要請があったときも同じであった。日米安保に反対するような有識者であっても、国連の活動であれば容認していた。

一方、日米安保の観点から、自衛隊の海外派兵を推進すべきという意見の者もいた。彼らはサンフランシスコ講和条約調印後も駐留を続ける米軍を撤退させたいと願っていた。加えて、伝統的な同盟観から、互いに軍隊を派兵することが同盟のあるべき姿と考えていた。一九六〇年の安保騒動がなかったならば、岸信介は憲法改正を実現させたかもしれない。しかし、岸の目論見は潰えた。他方、国連も冷戦という現実の前に機能不全に陥っていた。自衛隊海外派兵、もしくは派遣に関する議論が再度行われるのは八〇年代後半まで待たねばならなかった。

日本が戦後復興を終え、経済大国となる中で、アジア情勢も変容していた。ベトナム戦争によって、米国を中心とする秩序が動揺していた。一方、インドシナ難民問題など、日本の周辺でも国際問題が起こっていた。テレビの発達によって、お茶の間で難民問題が報道されると、日本も無関係ではいられないということを人々が認識するようになった。こうして、日本でも経済援助だけでなく、人的な貢献をすべきという議論が盛り上がっていった。

一方、その歯止めとなったのが、憲法だった。自衛隊の海外派兵は禁止されていたが、武力行使を伴わない海外派遣であれば、憲法上も容認されていた。しかし、政策当事者にとって、自衛隊派遣は野党や世論の猛反発を招き、政治的コストが高すぎる方策だった。

結局は、自衛隊を使わない方向で人的貢献を実現することとなった。国際緊急援助隊、イラン・イラク戦争のデッカシステム供与などがそれである。

しかし、自衛隊を使わない人的貢献の限界がすぐに露わになった。それが湾岸危機である。湾岸危機は戦争に至る可能性が高い危機であった。日本は多国籍軍への協力を求められたが、この協力は戦争が始まれば戦時協力ともなりかねない。それが憲法上認められるのかということが議論となった。当時は憲法が許容する協力の範囲は狭く捉えられていた。加えて、多国籍軍協力に対する世論や野党の反発を恐れ、日本の貢献を公には宣伝できないという状況でもあった。

こうした状況をさらに難しくしていたのが、ねじれ国会である。当時は参議院で自民党が過半数を有していなかった。法改正や新法制定などを含む新たな措置を行うためには野党、特に公明党の協力が不可欠であった。しかし、公明党は自衛隊派遣に消極的であり、積極的な協力は望めなかった。

そうこうしているうちに湾岸情勢は推移し、戦争へと突入した。湾岸戦争が終結したために、自衛隊に活動の余地が生まれた。戦争開始前の多国籍軍協力はすべて戦後協力になる。戦時協力になる可能性があるとして、憲法が許容していなかった活動が可能になったのである。

こうした中で浮上したのが掃海艇派遣案であった。掃海艇派遣は、一九八七年に中曽根政権下で戦時でなければ憲法上許容されると認められていた稀有な例だった。新法制定、法改正が必要なく、すぐに実現可能な方策として、掃海艇派遣が選択された。こうして、統一地方選挙の終了を待ち、一九九一年四月二六日に自衛隊はペルシャ湾へと派遣されたのである。

### 自衛隊海外派遣の拡大、国連中心の秩序から米国の単独行動主義へ

ペルシャ湾掃海艇派遣は無事に終了した。初の自衛隊海外派遣が実現したことで、PKOや国際緊急援助活動など、それまで自衛隊派遣が検討されながらも、実現しなかった分野に、自衛隊派遣が拡大していく。

自衛隊派遣は新法制定や解釈変更によって、その活動を拡大してきた。日本の防衛政策においては、してはいけないことを規定するのではなく（ポジティブリスト）、しても良いことを規定してきた（ネガティブリスト）。逆に言えば、新法制定や解釈変更によって、しても良いことを追加した結果、自衛隊派遣を拡大してきたといえる。また、このような形態となったのは、憲法改正はハードルが高く、なかなか実現しなかったためだが、一方で新法制定や解釈変更の方が容易であったという点も考慮する必要があろう。

これは冷戦終結後の世界において、日本が国際的な役割を果たしていくというメッセージでもあった。冷戦終結後の世界において、日本はこれまでのように内向きになるのではなく、関与を示すという意味合いがあった。そこでは参加することに意義を求めたことも否定できなかった。

冷戦終結後、地域紛争が頻発し、各地で国連PKOのミッションが増加していった。こうしたミッションは武力行使を伴う必要がないものもあり、憲法上武力行使が認められず、PKO五原則で厳しく制限されていた中でも派遣が可能であった。自衛隊は冷戦終結後の枠組みに順応する形で実績を積んでいった。

自衛隊派遣は国連以外の枠組みでも拡大していった。二〇〇一年の同時多発テロ以降、自衛隊派遣は対米協力の名の下でインド洋での給油活動、イラク派遣など、国連以外の枠組みでの派遣を拡大した。

これは冷戦終結後の秩序の変容をも表していた。湾岸戦争直後、冷戦終結後の世界における国連の役割は大きくなるだろうと考える有識者が多くいた。ガリ国連事務総長が「平和への課題」を提案し、冷戦終結後の新秩序への期待を掻き立てていた。こうした中で、日本でも小沢一郎をはじめ、国連を中心とした新世界秩序の一翼を担うべきという意見が起こる。

しかし、これはすぐに頓挫した。ソマリアやボスニアで国連PKOの限界が明らかになる中で、国連を中心とした秩序に対する期待はどんどん萎んでいった。二〇〇一年の同時多発テロに始まる米国の単独行動主義はこれに止めを刺すものであった。日本も国連ではなく、米国を中心とする秩序への協力へと舵を切っていった。

一方、小沢を中心とする人々は湾岸戦争直後の世界観のまま、国連への協力を自衛隊海外派遣の梃子としようとした。小沢のISAF派遣論はそれを象徴していた。しかし、国際情勢は動き続けていたのである。

冷戦終結後、北朝鮮のミサイル・核問題や中国の台頭など、日本周辺の安全保障環境は緊迫化していた。こうした中で、同盟国アメリカとの安全保障関係を重視する動きが加速していく。ヨーロッパなど、他の地域のように地域機構による安全保障秩序が確立しておらず、周辺に協力国が少ない日本は、アメリカとの関係重視を選択したのである。

## 米中対立時代の自衛隊海外派遣

テロとの戦い、そしてイラク戦争と世界情勢が動いていく中で、自衛隊の活動は拡大を続けていた。

一方で、国際情勢にも変化が生じていた。アメリカ一強構造が確立しつつあり、国連による秩序維持ではなく、アメリカや地域機構が秩序維持を担うようになっていた。加えて、国際社会の関心は地域紛争ではなく、台頭する中国への対応に移りつつあった。自衛隊の部隊派遣は縮小へと向かっていく。南スーダン派遣以降、自衛隊の部隊派遣はソマリア沖海賊対処のみとなった。ＰＫＯのミッション自体も少なくなり、自衛隊が部隊を出せるような活動はなくなっていった。一方、自衛隊は中国の台頭によって、その能力を集中せざるを得なくなっていた。

そうした中で、日本は部隊派遣ではなく、司令部要員派遣や能力構築支援に注力していく。中でも、能力構築支援は米中対立時代に重視すべき活動でもあった。日本は東南アジア諸国を中心に、インド太平洋地域における各国の能力構築を支援している。このことは、日本が重視する法の支配を各国に定着させようという試みでもある。もちろん、能力構築支援がすぐに各国を変えるわけではない。しかし、こうした取り組みを通じ、法の支配という原則への理解を深め、各国の海洋安全保障に関する能力を養うことは、日本の国益にもかなう行為であった。部隊派遣が縮小し、中国への対処に集中せざるを得ない中で、日本は能力構築支援を重視していったのである。

米中対立が今後どのように推移するかは予測が難しい。しかし、日本が対中国を重視するという構造は今後も変わらないだろう。そうした中で、南西防衛の強化だけでなく、東南アジア諸国への能力構築支援などは引き続き継続していくと見られる。一方で、PKO派遣の今後を見通すのは難しい。日本が割けるリソースは限られており、緊迫する東アジアの安全保障環境への対処という視点からは、今までのように世界のどこにでもPKOを派遣するというわけにはいかない。しかし、日本が全く関与しないことが果たして良いのか。その穴を中国が埋めるだけではないのかという議論もある。いずれにせよ、米中対立時代を見据え、日本が今後どう向き合っていくかは重要な問題と言えよう。

## †平和安全法制、集団的自衛権容認下の自衛隊海外派遣とは

湾岸戦争以降の自衛隊派遣拡大の動きの中で、日本は他国との協力ではなく、独力での対応に注力してきた。日本国憲法においては、政府解釈によって集団的自衛権を行使しないとされてきた。そのこともあり、米国以外の国との協力については慎重な姿勢を取らなければならなかった。

在留邦人保護や紛争地域への輸送など、他国との協力が望ましい場合であっても、それが法制上できないということも多い。

しかし、集団的自衛権行使容認の閣議決定と平和安全法制によって、他国との協力の余地は大きくなっている。日本は経済大国であっても、自衛隊の能力には限りがある。また、

自衛隊は日本海や南西諸島における警戒業務など、増大する任務に忙殺されているのが現状である。他国に頼るべきところは頼らないといけない。これは、日本が人任せにするということを勧めているのではない。日本は何ができて、何ができないのかを冷静に考えるべきということだ。

冷戦終結後、自衛隊の任務は拡大すると同時に認知度は飛躍的に高まっている。皮肉なことに、自衛隊に頼れば良いとする傾向も生まれつつある。新型コロナウイルスのワクチン接種など、自衛隊が行うべきか疑問視されるような活動にも用いられてきた。しかし、自衛隊は便利屋ではない。平和安全法制、集団的自衛権を容認したからこそ、これまでの体制も見直す必要があろう。

### †自衛隊海外派遣の今後――湾岸のトラウマはいつまで続くのか

自衛隊海外派遣議論において、「湾岸のトラウマ」に言及されることが多い。これは「湾岸危機、そして湾岸戦争において、日本が支援をしたにもかかわらず、米国をはじめとする国際社会の批判を浴びた」というものだ。この経験をもとに、日本は人的貢献をすべきという議論が出される。

湾岸戦争が勃発してから、すでに三〇年以上が経過している。しかし、日本ではまだまだこの議論が通用する。「湾岸のトラウマ」論が自衛隊海外派遣拡大の原動力のひとつであったことは否定しえない。実際、推進した政策当事者の中には、湾岸のトラウマの影響を口にする者もいる。とはいえ、「湾岸のトラウマ」が外交政策を歪めてきたことも事実である。

自衛隊海外派遣が拡大を続ける中で、なぜ派遣されるのかということの議論は深められてこなかった。その活動の法的根拠、合法性についての議論が深まるのみで、なぜ派遣するのか、その政策は正しいのかということは問題にならなかった。

推進する側は「湾岸のトラウマ」論を唱え、自衛隊海外派遣の有用性を訴えたが、人的貢献が相手国との外交にどのような効果をもたらしたのかは検証されていない。日本が数隻の艦艇を派遣したことでどのような効果を得られたのか。全く効果がなかった、もっと派遣すべきだったなど、さまざまな結果が導き出されるだろう。しかし、検証してみないとどうしようもない。政策である以上、検証が必要であろう。

一方、反対する側は合法性に着目し、代案を出すこともなく、検証を求めたこともない。政策的な合理性は二の次となっていた。派遣するか、阻止するかという二元論になってしまったのである。

湾岸戦争から三十年が過ぎ、自衛隊海外派遣は拡大を続けてきた。しかし、それを取り巻く環境は湾岸戦争の頃から変わっていない。このままで良いのか、立ち止まって考える必要があるのではないだろうか。

# あとがき

本書は、自衛隊海外派遣とは何かということを書き下ろしたものである。二〇二〇年に勁草書房から『自衛隊海外派遣の起源』を刊行した。これは、二〇一八年三月に名古屋大学大学院環境学研究科に提出した博士学位論文を基礎としたものである。

学術書出版後、自衛隊海外派遣についての概説書を刊行したいと考えるようになった。そこで君塚直隆教授にご相談したところ、筑摩書房の松田健編集長をご紹介いただいた。そして、簡単な目次案と企画書をお送りしたところ、またたく間に出版が決定し、本書に至ったわけである。

自衛隊海外派遣は、今では普通に行われている。私は、小学生の頃に湾岸戦争、カンボジアPKOが起こり、国際貢献が盛り上がりを見せたのを子供心に覚えている。その後、同時多発テロ、イラク戦争と世界情勢は刻一刻と変化していった。その間、自衛隊は海外における任務を拡大させ続けてきた。その一方で、二〇二三年現在、自衛隊の部隊派遣はソマリア沖の海賊対処以外停止している。ＰＫＯについては、部隊派遣すら行われていない。

湾岸戦争をきっかけに自衛隊海外派遣は拡大を続けてきたが、これは日本が国際社会に対して、人的な貢献を続けてきた歴史でもあった。もともと、経済大国の日本が経済支援のみで人的支援を行うべきという意見はあった。しかし、憲法九条の制約によって、自衛隊による人的支援は行われなかった。湾岸危機以降の人的貢献策の挫折と、アメリカなど諸外国の反応を受け、日本が何もしない、言い換えれば一国平和主義でいるのはおかしいという議論が盛り上がる。その流れを受け、自衛隊海外派遣が開始された。

しかし、その後の自衛隊海外派遣の歴史を見ると、派遣が法的に可能か否かに注目がいき、日本がなぜ派遣するのか、それは政策の手段として妥当なのかということは議論されなかった。湾岸戦争後、小沢一郎のように国連による秩序を提唱する向きはあったが、それさえも国連という場を通じて、国際秩序を維持するというものであり、アメリカと敵対する意思はなかったとする。

しかし、冷戦終結後、ガリ構想など国連による秩序維持の限界が明らかになる中で、国連ではなく、アメリカによる国際秩序維持へとシフトしていった。これは国内政治においても同様である。イラク戦争において、アメリカの単独行動主義に批判が集まったが、その代替案については言及されることがなかった。そして、憲法違反か否かという法律論に収斂することになったのである。

そして、米中対立の時代を迎えるにつれて、その傾向は大きくなっていく。日本はアメリカの同盟国としての立場を前面に押し出していった。アメリカのジュニアパートナーとして、アメリカと共にあるべきという議論が強くなっていく。

自衛隊海外派遣は、日本の国際認識の影響を受けながら、任務を拡大させ続けている。しかも、安倍政権において、集団的自衛権の行使容認を決める閣議決定がなされた。実現するかはわからないが、武力行使を伴う自衛隊派兵も理論上は可能になっている。

その一方で、国内論議を見ていると、まだ湾岸のトラウマにとらわれている印象を受ける。湾岸戦争から三十年以上が過ぎているにもかかわらず、派遣することに意義がある、汗をかかなければ同盟国と言えないという議論が大手を振っている。日本が何もしていないというのは幻想にすぎない。

日本は巨額の国債にあえぐ中、ＯＤＡという対外支援を各国に行っている。そして、アメリカに基地を提供し、自衛隊員は北朝鮮や中国を監視している。そして、もちろん海外においてはさまざまな任務をこなしている。日本が何もしていないわけではない。

日本では長年、安全保障問題を議論することができないという幻想が支配してきた。その後、安全保障に関する問題が議論されるたびに自衛官ＯＢがメディアに登場することが当然になった。ウクライナ戦争後、メディアにはそれまで登場していた自衛官ＯＢに軍事も議論できる研究者が加わり、憲法論争ではない議論を展開している。著者は湾岸戦争時はまだ小学生だったが、研究者として日本の安全保障論議を見るにつれ、その頃とは議論のレベルが上がっていると感じる。本書が、安全保障や国際問題に関心のある読者に有益な知見を提供することができれば望外の喜びである。

本書が完成するまでに、さまざまな学会や研究会で報告の機会をいただいた。渡邊昭夫先生には、先生の主催する勉強会にて本書の元となる報告の機会を与えていただいた。また、石田憲先生には世界政治研究会で報告をさせていただいた。その際にコメンテーターを引き受けていただいた大山貴稔先生には、細部にわたり、コメントをいただいた。国際貢献を専門にする大山先生には、前任校で同僚となって以来、折に触れてコメントをいただいている。氏の的確なコメントには私自身が気づいていなかった課題を気づかせていただいている。半澤朝彦先生には国連史コロキアムで報告の機会をいただいた。その際にコメンテーターをお引き受けいただいたギャレン・ムロイ先生、織田邦男先生には有益なコメントをいただいた。半澤先生、そして井上実佳先生には折にふれてさまざまなコメントをいただいた。深く感謝したい。

最後に、家族に感謝を述べて、本書を締めくくりたい。両親には、研究の道に進み、物心ともに支えてもらっている。好き勝手に研究をしている私を温かく見守ってもらった。心より感謝している。

二〇二三年二月

加藤博章

# 主要参考文献

## †資料集

海上幕僚監部防衛部『航路啓開史』防衛省、二〇〇九年（http://www.mod.go.jp/msdf/mf/history/img/008.pdf〔アクセス日：二〇一五年五月四日〕）。

海上幕僚監部防衛部『朝鮮動乱特別掃海史』防衛省、二〇〇九年（http://www.mod.go.jp/msdf/mf/history/img/006.pdf〔アクセス日：二〇一五年五月四日〕）。

海上自衛隊50年史編さん委員会編『海上自衛隊50年史』防衛庁海上幕僚監部、二〇〇三年。

外務省情報文化局『インドシナ難民と日本』外務省情報文化局、一九八一年。

公明党史編纂委員会『公明党50年の歩み――大衆とともに』公明党機関紙委員会、二〇一四年。

国際協力機構青年海外協力隊事務局編『青年海外協力隊誕生から成熟へ――40年の歴史に学ぶ協力隊のあり方』協力隊を育てる会、二〇〇四年。

財団法人水交会『掃海〈海上自衛隊苦心の足跡〉第2巻』財団法人水交会、二〇一一年。

総合安全保障研究グループ『総合安全保障戦略』大蔵省印刷局、一九八〇年。

## †オーラルヒストリー・回顧録（日本語）

五百旗頭真ほか編『岡本行夫　現場主義を貫いた外交官（90年代の証言）』朝日新聞社、二〇〇八年。

――『小沢一郎　政権奪取論（90年代の証言）』朝日新聞社、二〇〇六年。

――『外交激変　元外務省事務次官柳井俊二（90年代の証言）』朝日新聞社、二〇〇七年。

――『宮澤喜一　保守本流の軌跡（90年代の証言）』朝日新聞社、二〇〇六年。

池田維『カンボジア和平への道――証言　日本外交試練の5年間』都市出版、一九九六年。

大河原良雄『オーラルヒストリー日米外交』ジャパンタイムズ、二〇〇六年。

折田正樹ほか編『外交証言録　湾岸戦争・普天間問題・イラク戦争』岩波書店、二〇一三年。

海部俊樹『政治とカネ――海部俊樹回顧録』新潮新書、二〇一〇年。

河野雅治『和平工作――対カンボジア外交の証言』岩波書店、一九九九年。

海部俊樹、北岡伸一「日本外交インタビューシリーズ（7）海部俊樹――湾岸戦争での苦悩と教訓」『国際問題』第五二〇号、二〇〇三年。

岸信介『岸信介回顧録――保守合同と安保改定』廣済堂出版、一九八三年。

近代日本史料研究会編『佐久間一オーラル・ヒストリー――元統合幕僚会議議長（下）』近代日本史料研究会、二〇〇八年。

栗原祐幸『本音の政治』静岡新聞社、一九九三年。

――『証言・本音の政治――戦後政治の舞台裏』内外出版、二〇〇七年。

栗山尚一『日米同盟　漂流からの脱却』日本経済新聞社、一九九七年。

後藤田正晴『内閣官房長官』講談社、一九八九年。

後藤田正晴、御厨貴監修『情と理――カミソリ参謀回顧録（上・下）』講談社＋α文庫、二〇〇六年。

佐々淳行『わが上司　後藤田正晴――決断するペシミスト』文春文庫、二〇〇二年。

静岡新聞社編『熱き思い――元防衛庁長官・労相栗原祐幸』静岡新聞社、二〇〇七年。

鈴木健二『歴代総理、側近の告白──日米「危機」の検証』毎日新聞社、一九九一年。

政策研究大学院大学C.O.E.オーラル・政策研究プロジェクト『大河原良雄オーラルヒストリー──オーラルメソッドによる政策の基礎研究』政策研究大学院大学、二〇〇五年。

──『海部俊樹（元内閣総理大臣）オーラル・ヒストリー（下）──オーラル・メソッドによる政策の基礎研究』政策研究大学院大学、二〇〇五年。

──『工藤敦夫（元内閣法制局長官）オーラル・ヒストリー──オーラル・メソッドによる政策の基礎研究』政策研究大学院大学、二〇〇五年。

──『栗山尚一（元駐米大使）オーラル・ヒストリー──転換期の日米関係』政策研究大学院大学、二〇〇五年。

──『大賀良平（元海上幕僚長）オーラル・ヒストリー──オーラル・メソッドによる政策の基礎研究』政策研究大学院大学、二〇〇五年。

──『谷野作太郎（元中国大使）オーラル・ヒストリー──カンボジア和平と日本外交』政策研究大学院大学、二〇〇五年。

──『波多野敬雄（元国連大使）オーラル・ヒストリー──UNTACと国連外交』政策研究大学院大学、二〇〇五年。

──『宝珠山昇（元防衛施設庁長官）オーラル・ヒストリー──オーラル・メソッドによる政策の基礎研究』政策研究大学院大学、二〇〇五年。

──『柳谷謙介（元外務事務次官）オーラル・ヒストリー──オーラル・メソッドによる政策の基礎研究』政策研究大学院大学、二〇〇五年。

中曽根康弘『天地有情──五十年の戦後政治を語る』文藝春秋、一九九六年。

――『中曽根康弘が語る戦後日本外交』新潮社、二〇一二年。

中村悌次『生涯海軍士官――戦後日本と海上自衛隊』中央公論新社、二〇〇九年。

橋本龍太郎、五百旗頭真「日本外交インタビューシリーズ（3）橋本龍太郎（前編）――冷戦後の危機に対峙して」『国際問題』第五〇四号、二〇〇二年。

原彬久編『岸信介証言録』毎日新聞社、二〇〇三年。

防衛省防衛研究所戦史部編『市来俊男オーラル・ヒストリー――警備隊から海上自衛隊へ』防衛省防衛研究所、二〇〇九年。

――『内海倫オーラル・ヒストリー――警察予備隊・保安庁時代』防衛省防衛研究所、二〇〇八年。

――「落合畯オーラルヒストリー」防衛研究所戦史部編『佐久間一オーラル・ヒストリー――元統合幕僚会議議長（下）』防衛研究所、二〇〇七年。

――『佐久間一オーラル・ヒストリー――元統合幕僚会議議長（上・下）』防衛省防衛研究所、二〇〇七年。

――『中村悌次オーラル・ヒストリー――元海上幕僚長（上・下）』防衛省防衛研究所、二〇〇六年。

――『中村龍平オーラル・ヒストリー――元統合幕僚会議議長』防衛省防衛研究所、二〇〇八年。

法眼健作著、加藤博章、服部龍二、竹内桂、村上友章編『元国連事務次長法眼健作回顧録』吉田書店、二〇一五年。

御厨貴・中村隆英編『聞き書　宮澤喜一回顧録』岩波書店、二〇〇五年。

村田良平『村田良平回想録（下）――祖国の再生を次世代に託して』ミネルヴァ書房、二〇〇八年。

吉田茂『回想十年（2）』中公文庫、一九九八年。

†回顧録

Armacost, Michael H., *Friends or Rivals?: The Insider's Account of U. S.-Japan Relations*. New York : Columbia University Press, 1996.（マイケル・H・アマコスト、読売新聞社外報部訳『友か敵か』読売新聞社、一九九六年。）

Baker, James A. III., with Thomas M. DeFrank, *The Politics of Diplomacy : Revolution, War, and Peace, 1989-1992*. New York: G.P. Putnam's Sons, 1995.（ジェームズ・A・ベーカーⅢ、トーマス・M・デフランク、仙名紀訳『シャトル外交――激動の四年（上）』新潮文庫、一九九七年。）

Bush, George and Brent Scowcroft, *A World Transformed*. New York : Random House, 1998.

Reagan, Ronald., *An American Life*. New York: Free Press, A Division of Simon & Schuster, 2003.

Reagan, Ronald and Douglas Brinkley ed., *The Reagan diaries*. New York : HarperCollins, 2007.

Shultz, George P., *Turmoil and Triumph : My years as Secretary of State*. New York :Scribner's, 1993.

Weinberger, Caspar W., *Fighting for Peace : Seven Critical Years in the Pentagon*. New York, NY : Warner Books, 1990.（キャスパー・W・ワインバーガー著、角間隆監訳『平和への闘い』ぎょうせい、一九九五年。）

†書籍

阿川尚之『海の友情――米国海軍と海上自衛隊』中公新書、二〇〇一年。

朝雲新聞社編集局編『「湾岸の夜明け」作戦全記録――海上自衛隊ペルシャ湾掃海派遣部隊の188日』朝雲新聞社、一九九一年。

朝日新聞「自衛隊50年」取材班『自衛隊――知られざる変容』朝日新聞社、二〇〇五年。

朝日新聞「湾岸危機」取材班『湾岸戦争と日本――問われる危機管理』朝日新聞社、一九九一年。

アジア・パシフィック・イニシアティブ『検証　安倍政権――保守とリアリズムの政治』文春新書、二〇二二年。

飯尾潤『日本の統治構造――官僚内閣制から議員内閣制へ』中公新書、二〇〇七年。

碇義朗『ペルシャ湾の軍艦旗――海上自衛隊掃海部隊の記録』光人社、二〇〇五年。

池田慎太郎『日米同盟の政治史――アリソン駐日大使と「1955年体制」の成立』国際書院、二〇〇四年。

石井修『冷戦と日米関係――パートナーシップの形成』ジャパンタイムズ、一九八九年。

伊藤剛、櫻田大造編著『比較外交政策――イラク戦争への対応外交』明石書店、二〇〇四年。

植村秀樹『再軍備と五五年体制』木鐸社、一九九五年。

――『自衛隊は誰のものか』講談社現代新書、二〇〇二年。

内海成治ほか編『国際緊急人道支援』ナカニシヤ出版、二〇〇八年。

衛藤瀋吉、山本吉宣『総合安保と未来の選択』講談社、一九九一年。

大嶽秀夫『政策過程』東京大学出版会、一九九〇年。

――『再軍備とナショナリズム――保守、リベラル、社会民主主義者の防衛観』中公新書、一九八八年。

――『日本政治の対立軸――93年以降の政界再編の中で』中公新書、一九九九年。

加藤博章『自衛隊海外派遣の起源』勁草書房、二〇二〇年。

蒲島郁夫『戦後政治の軌跡――自民党システムの形成と変容』岩波書店、二〇〇四年。

我部政明『戦後日米関係と安全保障』吉川弘文館、二〇〇七年。

軽部謙介『ドキュメント　沖縄経済処分――密約とドル回収』岩波書店、二〇一二年。

川﨑剛『社会科学としての日本外交研究――理論と歴史の統合をめざして』ミネルヴァ書房、二〇一五年。

川島真、服部龍二編『東アジア国際政治史』名古屋大学出版会、二〇〇七年。

川平成雄『沖縄返還と通貨パニック』吉川弘文館、二〇一五年。

菅英輝『米ソ冷戦とアメリカのアジア政策』ミネルヴァ書房、一九九二年。

菅英輝、石田正治編著『21世紀の安全保障と日米安保体制』ミネルヴァ書房、二〇〇五年。

北岡伸一編『戦後日本外交論集――講和論争から湾岸戦争まで』中央公論社、一九九五年。

――『自民党――政権党の38年』中公文庫、二〇〇八年。

紀谷昌彦『南スーダンに平和をつくる――「オールジャパン」の国際貢献』ちくま新書、二〇一九年。

草野厚『政策過程分析入門』東京大学出版会、一九九七年。

楠綾子『吉田茂と安全保障政策の形成――日米の構想とその相互作用　1943～1952年』ミネルヴァ書房、二〇〇九年。

国正武重『湾岸戦争という転回点――動顚する日本政治』岩波書店、一九九九年。

マイケル・クレア著、アジア太平洋資料センター訳『アメリカの軍事戦略――世界戦略転換の全体像』サイマル出版会、一九七五年。

ラルフ・N・クロフ著、桃井真訳『米国のアジア戦略と日本』オリエント書房、一九七六年。

軍事史学会編『PKOの史的検証』錦正社、二〇〇七年。

小泉悠『現代ロシアの軍事戦略』ちくま新書、二〇二一年。

――『ウクライナ戦争』ちくま新書、二〇二二年。

香西茂『国連の平和維持活動』有斐閣、一九九一年。

河野康子、渡邉昭夫編著『安全保障政策と戦後日本1972～1994――記憶と記録の中の日米安保』千倉書房、二〇一六年。

坂元一哉『日米同盟の絆――安保条約と相互性の模索』有斐閣、二〇〇〇年。

佐々木卓也『冷戦――アメリカの民主主義的生活様式を守る戦い』有斐閣、二〇一一年。

佐々木芳隆『海を渡る自衛隊――PKO立法と政治権力』岩波新書、一九九二年。

佐道明広『戦後日本の防衛と政治』吉川弘文館、二〇〇三年。

――『戦後政治と自衛隊』吉川弘文館、二〇〇六年。

――『「改革」政治の混迷（現代日本政治史5）』吉川弘文館、二〇一二年。

――『自衛隊史――防衛政策の七〇年』ちくま新書、二〇一五年。

信田智人『日米同盟というリアリズム』千倉書房、二〇〇七年。

――『冷戦後の日本外交――安全保障政策の国内政治過程』ミネルヴァ書房、二〇〇六年。

篠田英朗『平和構築入門――その思想と方法を問いなおす』ちくま新書、二〇一三年。

――『集団的自衛権の思想史――憲法九条と日米安保』風行社、二〇一六年。

柴田晃芳『冷戦後日本の防衛政策――日米同盟深化の起源』北海道大学出版会、二〇一一年。

柴山太『日本再軍備への道――1945～1954年』ミネルヴァ書房、二〇一〇年。

白鳥潤一郎『「経済大国」日本の外交――エネルギー資源外交の形成1967～1974年』千倉書房、二〇一五年。

城山英明ほか編著『中央省庁の政策形成過程――日本官僚制の解剖』中央大学出版部、一九九九年。

城山英明、細野助博編著『続・中央省庁の政策形成過程――その持続と変容』中央大学出版部、二〇〇二年。

鈴木宏尚『池田政権と高度成長期の日本外交』慶應義塾大学出版会、二〇一三年。

瀬端孝夫『防衛計画の大綱と日米ガイドライン――防衛政策決定過程の官僚政治的考察』木鐸社、一九九八年。

大賀良平『シーレーンの秘密――米ソ戦略のはざまで』潮文社、一九八三年。

竹田いさみ、永野隆行『物語オーストラリアの歴史（新版）――イギリス植民地から多民族国家への20年』中公新書、二〇二三年。

武田悠『「経済大国」日本の対米協調――安保・経済・原子力をめぐる試行錯誤、1975〜1981年』ミネルヴァ書房、二〇一五年。

多湖淳『武力行使の政治学――単独と多角をめぐる国際政治とアメリカ国内政治』千倉書房、二〇一〇年。

立川京一ほか編著『シー・パワー――その理論と実践（シリーズ軍事力の本質②）』芙蓉書房出版、二〇〇八年。

田中明彦『安全保障――戦後50年の模索（20世紀の日本2）』読売新聞社、一九九七年。

千々和泰明『大使たちの戦後日米関係――その役割をめぐる比較外交論、1952〜2008年』ミネルヴァ書房、二〇一二年。

――『変わりゆく内閣安全保障機構――日本版NSC成立への道』原書房、二〇一五年。

――『戦後日本の安全保障――日米同盟、憲法9条からNSCまで』中公新書、二〇二二年。

J・W・M・チャップマン、R・デリフテ、I・T・M・ガウ著、高村忠成、山崎純一、花見常幸訳『安全保障の新たなビジョン――日本の防衛・外交・依存』潮出版社、一九八四年。

ナヤン・チャンダ著、友田錫・滝上広水訳『ブラザー・エネミー――サイゴン陥落後のインドシナ』めこん、一九九九年。

等松春夫監修、竹本知行、尾﨑庸介編著『ファンダメンタル政治学（増補改訂版）』北樹出版、二〇一三年。

津山謙『「軍」としての自衛隊――PSI参加と日本の安全保障政策』慶應義塾大学出版会、二〇一四年。

外岡秀俊ほか『日米同盟半世紀――安保と密約』朝日新聞社、二〇〇一年。

鳥井順『イラン・イラク戦争』第三書館、一九九〇年。

中馬清福『再軍備の政治学』知識社、一九八五年。

中北浩爾『日本労働政治の国際関係史1945－1964――社会民主主義という選択肢』岩波書店、二〇〇八年。

中島信吾『戦後日本の防衛政策――「吉田路線」をめぐる政治・外交・軍事』慶應義塾大学出版会、二〇〇六年。

中村明『戦後政治にゆれた憲法九条――内閣法制局の自信と強さ』西海出版、二〇〇九年。

中村登志哉『ドイツの安全保障政策――平和主義と武力行使』一藝社、二〇〇六年。

中村登志哉編『戦後70年を越えて　ドイツの選択・日本の関与』一藝社、二〇一六年。

野添文彬『沖縄返還後の日米安保―米軍基地をめぐる相克』吉川弘文館、二〇一六年。

マイケル・L・ドックリル、マイケル・F・ホプキンズ、伊藤裕子訳『冷戦――1945－1991』岩波書店、二〇〇九年。

波多野澄雄編著『池田・佐藤政権期の日本外交』ミネルヴァ書房、二〇〇四年。

樋渡由美『戦後政治と日米関係』東京大学出版会、一九九〇年。

廣瀬克哉『官僚と軍人――文民統制の限界』岩波書店、一九八九年。

福永文夫『大平正芳――「戦後保守」とは何か』中公新書、二〇〇八年。

藤本一美、浅野一弘『日米首脳会談と政治過程――1951年～1983年』龍渓書舎、一九九四年。

ポール・ライアン、妹尾作太男訳『米海軍が敗れる日――シビリアン・コントロールの落とし穴』ダイナミック・セラーズ、一九八六年。

保阪正康『後藤田正晴――異色官僚政治家の軌跡』中公文庫、二〇〇八年。

細谷雄一『安保論争』ちくま新書、二〇一六年。

本田優ほか『日米同盟半世紀――安保と密約』朝日新聞社、二〇〇一年。

本多倫彬『平和構築の模索――「自衛隊PKO派遣」の挑戦と帰結』内外出版、二〇一七年。

前田哲男『自衛隊の歴史』ちくま学芸文庫、一九九四年。

増田弘『自衛隊の誕生――日本の再軍備とアメリカ』中公新書、二〇〇四年。

松岡完『ベトナム戦争――誤算と誤解の戦場』中公新書、二〇〇一年。

御厨貴編『歴代首相物語』新書館、二〇〇三年。

宮川公男『政策科学入門〔第2版〕』東洋経済新報社、二〇〇二年。

宮城大蔵『現代日本外交史――冷戦後の模索、首相たちの決断』中公新書、二〇一六年。

――『「海洋国家」日本の戦後史』ちくま新書、二〇〇八年。

――『戦後アジア秩序の模索と日本――「海のアジア」の戦後史1957～1966』創文社、二〇〇四年。

――『バンドン会議と日本のアジア復帰――アメリカとアジアの狭間で』草思社、二〇〇一年。

宮崎洋子『「テロとの闘い」と日本――連立政権の対外政策への影響』名古屋大学出版会、二〇一八年。

宮下明聡『ハンドブック戦後日本外交史――対日講和から密約問題まで』ミネルヴァ書房、二〇一七年。

宮下明聡、佐藤洋一郎編『現代日本のアジア外交――対米協調と自主外交のはざまで』ミネルヴァ書房、二〇〇四年。

武蔵勝宏『冷戦後日本のシビリアン・コントロールの研究』成文堂、二〇〇九年。

村田晃嗣『現代アメリカ外交の変容――レーガン、ブッシュからオバマへ』有斐閣、二〇〇九年。

村松岐夫ほか『日本の政治』有斐閣、二〇〇一年。

室山義正『日米安保体制――冷戦後の安全保障戦略を構想する（上・下）』有斐閣、一九九二年。

最上敏樹『人道的介入――正義の武力行使はあるか』岩波新書、二〇〇一年。

薬師寺克行『公明党――創価学会と50年の軌跡』中公新書、二〇一六年。

デニス・T・ヤストモ著、渡辺昭夫監訳『戦略援助と日本外交』同文舘出版、一九八九年。

山口航『冷戦終焉期の日米関係――分化する総合安全保障』吉川弘文館、二〇二三年。

横田喜三郎『朝鮮問題と日本の将来』勁草書房、一九五〇年。

吉田真吾『日米同盟の制度化――発展と深化の歴史過程』名古屋大学出版会、二〇一二年。

吉次公介『池田政権期の日本外交と冷戦――戦後日本外交の座標軸1960-1964』岩波書店、二〇〇九年。

若月秀和『「全方位外交」の時代――冷戦変容期の日本とアジア・1971～80年』日本経済評論社、二〇〇六年。

――『大国日本の政治指導　1972～1989（現代日本政治史4）』吉川弘文館、二〇一二年。

――『冷戦の終焉と日本外交――鈴木・中曽根・竹下政権の外政1980～1989年』千倉書房、二〇一七年。

和田章男『国際緊急援助最前線――国どうしの助けあい災害援助協力』国際協力出版会、一九九八年。

渡辺昭夫編『戦後日本の対外政策――国際関係の変容と日本の役割』有斐閣、一九八五年。

渡部恒雄、西田一平太編『防衛外交とは何か——平時における軍事力の役割』勁草書房、二〇二一年。

### 英語書籍

Allison, Graham, Philip Zelikow, *Essence of Decision: Explaining the Cuban Missile Crisis*, New York: Longman, 1999.
Bass, Gary J., *Freedom's Battle*. New York: Vintage Books, 2009.
Bull, Hedley., ed., *Intervention in World Politics*. Oxford: Clarendon Press, 1984.
Buzan, Barry, *People, States and Fears: The National Security Problem in International Relations*. Harvester Wheatshealf, 1983.
Dorman, Andrew M., and Thomas G. Otte, eds., *Military Intervention : From Gunboat Diplomacy to Humanitarian Intervention*. Dartmouth: Dartmouth Publishing Company, 1995.
Freedman, Lawrence and Efraim Karsh, *The Gulf Conflict, 1990–1991: Diplomacy and War in the New World Order*. Princeton, NJ: Princeton University Press, 1993.
Graham, Euan, *Japan's Sea Lane Security, 1940–2004: A Matter of Life and Death?*. London : Routledge, 2006.
Hattendorf, John B., ed.*The Evolution of the U.S. Navy's Maritime Strategy, 1977–1986*. Newport, R.I. NWC Press, 2004.
Johnson, Rob., *The Iran-Iraq War*. New York: Palgrave Macmillan, 2011.
Joyner, Christopher C., *The Persian Gulf War: lessons for strategy, law, and diplomacy*. New York: Greenwood Press, 1990.

Katzenstein, Peter J., *Cultural Norms and National Security: Police and Military in Postwar Japan.* Ithaca: Cornell University Press, 1996.（ピーター・J・カッツェンスタイン著、有賀誠訳『文化と国防――戦後日本の警察と軍隊』日本経済評論社、二〇〇七年。）

Korman, Sharon, *The Right of Conquest : The Acquisition of Territory by Force in International Law and Practice.* Oxford: Clarendon Press, 1996.

Miyagi, Yukiko, *Japan's Middle East Security Policy: Theory and Cases.* London: Routledge, 2008.

Navias, Martin S., E. R. Hooton. *Tanker Wars: The Assault on Merchant Shipping During the Iran-Iraq Conflict, 1980–1988*（Library of International Relations）. London: I. B. Tauris & Company, 1996.

Oberdorfer, Don, *Senator Mansfield : The Extraordinary Life of a Great American Statesman and Diplomat.* Washington, D.C.: Smithsonian Books, 2003.（ドン・オーバードーファー著、菱木一美、長賀一哉訳『マイク・マンスフィールド――米国の良心を守った政治家の生涯（上・下）』共同通信社、二〇〇五年。）

Palmer, Michael A., *Gurdians of the Gulf : A History of America's Expanding Role in the Persian Gulf, 1833–1992.* New York : Maxwell Macmillan International 1992.

Pan, Liang., *The United Nations in Japan's Foreign and Security Policymaking 1945–1992: National security, party politics, and international status.* Cambridge MA & London: Harvard University Asia Center/Harvard University Press, 2005.

Pyle, Kenneth B., *Japan Rising: The Resurgence of Japanese Power and Purpose.* New York: Public Affairs, 2007.

Rajaee, Farhang, *The Iran-Iraq War: The Politics of Aggression.* Gainesville FL: University Press of

Florida, 1993.

Regan, Patrick M., *Civil Wars and Foreign Powers : Outside Intervention in Intrastate Conflict*. Ann Arbor : The University of Michigan Press, 2000.

Samuels, Richard J., *Machiavelli's Children: Leaders and Their Legacies in Italy and Japan*. Ithaca: Cornell University Press, 2003.（リチャード・J・サミュエルズ著、鶴田千佳子・村田久美子訳『マキァヴェッリの子どもたち――日伊の政治指導者は何を成し遂げ、何を残したか』東洋経済新報社、二〇〇七年。）

———, *Securing Japan: Tokyo's Grand Strategy and the Future of East Asia*. Ithaca, New York: Cornell University Press, 2007.（リチャード・J・サミュエルズ著、白石隆監訳、中西真雄美訳『日本防衛の大戦略――富国強兵からゴルディロックス・コンセンサスまで』日本経済新聞出版社、二〇〇九年。）

Sorenson, David S., and Pia Christina Wood, *The Politics of Peace keeping in the Post-Cold War Era*. Oxford: Frank Cass, 2005.

Thornton, Richard C., *The Reagan Revolution II: Rebuilding the Western Alliance*. Victoria, BC: Trafford Publishing, 2005.

Till, Geoffrey, *Seapower: A Guide for the Twenty-First Century*. London : Routledge, 2009.

Towle, Philip., *Enforced Disarmament: From the Napoleonic Campaigns to the Gulf War*. Oxford: Clarendon Press, 1997.

Walzer, Michael., *Just and Unjust Wars: A Moral Argument With Historical Illustrations*. New York: Basic Books, 1977.

Woolley, Peter J. *Japan's Navy: Politics and Paradox, 1971–2000*. Boulder, CO: Lynne Rienner Publishers, 2000.

Zatarain, Lee Allen, *Tanker War: America's First Conflict With Iran, 1987–88*. Newbury: Casemate Pub, 2008.

ちくま新書
1726

自衛隊海外派遣（じえいたいかいがいはけん）

二〇二三年五月一〇日　第一刷発行

著者　加藤博章（かとう・ひろあき）

発行者　喜入冬子

発行所　株式会社　筑摩書房
東京都台東区蔵前二-五-三　郵便番号一一一-八七五五
電話番号〇三-五六八七-二六〇一（代表）

装幀者　間村俊一

印刷・製本　三松堂印刷　株式会社



ISBN978-4-480-07556-7 C0231

## ちくま新書

1033
**平和構築入門 ——その思想と方法を問いなおす**
篠田英朗
平和はいかにしてつくられるものなのか。武力介入や犯罪処罰、開発援助、人命救助など、その実際的手法と背景にある思想をわかりやすく解説する、必読の入門書。

1199
**安保論争**
細谷雄一
平和はいかにして実現可能なのか。安保関連法をめぐる激しい論戦のもと、この重要な問いが忘却されてきた。外交史の観点から、現代のあるべき安全保障を考える。

1152
**自衛隊史 ——防衛政策の七〇年**
佐道明広
世界にも類を見ない軍事組織・自衛隊はどのようにできたのか。国際情勢の変動と平和主義の間で揺れ動いてきた防衛政策の全貌を描き出す、はじめての自衛隊全史。

1382
**南スーダンに平和をつくる ——「オールジャパン」の国際貢献**
紀谷昌彦
二〇一一年に独立した新興国南スーダン。その平和構築の現場では何が起こり必要とされているのか。前駐在大使が支援の最前線での経験と葛藤を伝える貴重な証言。

1013
**世界を動かす海賊**
竹田いさみ
海賊の出没ポイントは重要な航路に集中する。資源を海外に頼る日本の死活問題。海自や海保の活躍、国際連携、資源や援助……。国際犯罪の真相を多角的にえぐる。

1697
**ウクライナ戦争**
小泉悠
2022年2月、ロシアがウクライナに侵攻した。21世紀最大規模の戦争はなぜ起こり、戦場では何が起きているのか？　気鋭の軍事研究者が、その全貌を読み解く。

1572
**現代ロシアの軍事戦略**
小泉悠
冷戦後、弱小国となったロシアはなぜ世界的な大国であり続けられるのか。メディアでも活躍する異能の研究者が戦争の最前線を読み解き、未来の世界情勢を占う。

**ちくま新書**

1696 戦争と平和の国際政治 小原雅博
元外交官の著者が、実務と理論の両面から国際政治を動かす本質を明らかにし、ウクライナ後の国際秩序の変動、また米中対立から日本も含め予想される危機に迫る。

1173 暴走する自衛隊 纐纈厚
自衛隊武官の相次ぐ問題発言、国連PKOへの参加、庁から省への昇格、安保関連法案の強行可決、文官優位の廃止……。日本の文民統制はいま、どうなっているか。

1111 平和のための戦争論 ――集団的自衛権は何をもたらすのか？ 植木千可子
「戦争をするか、否か」を決めるのは、私たちの責任になる。集団的自衛権の容認によって、日本と世界はどう変わるのか？ 現実的な視点から徹底的に考えぬく。

1122 平和憲法の深層 古関彰一
日本国憲法制定の知られざる内幕。そもそも平和憲法は押し付けだったのか。天皇制、沖縄、安全保障……その背後の政治的思惑、軍事戦略、憲法学者の主導権争い。

1220 日本の安全保障 加藤朗
日本の安全保障が転機を迎えている。「積極的平和主義」とは何か？ 自国の安全をいかに確保すべきか？ これらの点を現実的に考え、日本が選ぶべき道を示す。

1267 ほんとうの憲法 ――戦後日本憲法学批判 篠田英朗
憲法九条や集団的自衛権をめぐる日本の憲法学者の議論はなぜガラパゴス化したのか。歴史的経緯を踏まえ、政治学の立場から国際協調主義による平和構築を訴える。

1345 ロシアと中国　反米の戦略 廣瀬陽子
孤立を避け資源を売りたいロシア。軍事技術が欲しい中国。米国一強の国際秩序への対抗……。だが、中露蜜月の舞台裏では熾烈な主導権争いが繰り広げられている。

## ちくま新書

1664
国連安保理とウクライナ侵攻
小林義久
5常任理事国の一角をなすロシアの暴挙により、安保理は機能不全に陥った。拒否権という特権の成立から、国連を舞台にしたウクライナ侵攻を巡る攻防まで。

1601
北方領土交渉史
鈴木美勝
「固有の領土」はまた遠ざかってしまった。歴代総理や官僚たちが挑み続け、ゆっくりであっても前進していた交渉が、安倍外交の大誤算で後退してしまった内幕。

1587
ミャンマー政変
――クーデターの深層を探る
北川成史
二〇二一年二月、ミャンマー国軍がアウンサンスーチー国家顧問らを拘束した。現地取材をもとに、この政変の背景にある国軍、民主派、少数民族の因縁を解明かす。

1372
国際法
大沼保昭
いまや人々の生活にも深く入り込んでいる国際法。「生きた国際法」を誰にでもわかる形で、体系的に説き明かした待望の入門書。日本を代表する研究者による遺作。

1236
日本の戦略外交
鈴木美勝
外交取材のエキスパートが読む世界史ゲームのいま。「歴史」の和解と打算、機略縦横の駆け引き、舞台裏で支えるキーマンの素顔……。戦略的リアリズムとは何か！

465
憲法と平和を問いなおす
長谷部恭男
情緒論に陥りがちな改憲論議と冷静に向きあうには、そもそも何のための憲法かを問う視点が欠かせない。この国のかたちを決する大問題を考え抜く手がかりを示す。

594
改憲問題
愛敬浩二
戦後憲法はどう機能してきたか。改正でどんな効果が期待できるのか。改憲論議にはこうした実質を問う視角が欠けている。改憲派の思惑と帰結をクールに斬る一冊！

## ちくま新書

655
政治学の名著30
佐々木毅
古代から現代まで、著者がその政治観を形成する上でたえず傍らにあった名著の数々。選ばれた30冊は混迷を深める時代にこそますます重みを持ち、輝きを放つ。

905
日本の国境問題
——尖閣・竹島・北方領土
孫崎享
どうしたら、尖閣諸島を守れるか。竹島や北方領土は取り戻せるのか。平和国家・日本の国益に適った安全保障とは何か。国防のための国家戦略が、いまこそ必要だ。

1515
戦後日本を問いなおす
——日米非対称のダイナミズム
原彬久
日本はなぜ対米従属をやめられないのか。戦後の「日米非対称システム」を分析し、中国台頭・米国後退の中、政治的自立のため日本国民がいま何をすべきかを問う。

1559
ポスト社会主義の政治
——ポーランド、リトアニア、アルメニア、ウクライナ、モルドヴァの準大統領制
松里公孝
地政学的対立とポピュリズムに翻弄された激動の30年を、大統領・議会・首相の関係から読み解く。時に暴力を伴う政治体制の変更は、なぜ繰り返されるのか。

1721
紛争地の歩き方
——現場で考える和解への道
上杉勇司
カンボジアからシリア、ボスニアまで世界各地の紛争地で現地の平和に貢献する活動を行ってきた国際紛争研究者が、紛争の現場を訪ね、和解とは何かを問いなおす。

1627
憲法政治
——「護憲か改憲か」を超えて
清水真人
「憲法改正」とは何なのか？　緻密な取材を重ね、永田町を動かした改憲論議を読み解く。アカデミズムとジャーナリズムを往還し、憲法をめぐる政治の潮流を描く。

1146
戦後入門
加藤典洋
日本はなぜ「戦後」を終わらせられないのか。その核心にある「対米従属」「ねじれ」の問題の起源を世界戦争に探り、憲法九条の平和原則の強化による打開案を示す。

## ちくま新書

1184
### 昭和史
古川隆久

日本はなぜ戦争に突き進んだのか。私たちは、何を失い、何を手にしたのか。開戦から敗戦、復興、そして高度成長へと至る激動の64年間を、第一人者が一望する決定版！

948
### 日本近代史
坂野潤治

この国が革命に成功し、わずか数十年でめざましい近代化を実現しながら、やがて崩壊へと突き進まざるをえなかったのはなぜか。激動の八〇年を通観し、捉えなおす。

1132
### 大東亜戦争　敗北の本質
杉之尾宜生

なぜ日本は戦争に敗れたのか。情報・対情報・兵站の軽視、戦略や科学的思考の欠如、組織の制度疲労――多くの敗因を検討し、その奥に潜む失敗の本質を暴き出す。

1136
### 昭和史講義
――最新研究で見る戦争への道
筒井清忠編

なぜ昭和の日本は戦争へと向かったのか。複雑きわまる戦前期を正確に理解すべく、俗説を排して信頼できる史料に依拠。第一線の歴史家たちによる最新の研究成果。

1194
### 昭和史講義2
――専門研究者が見る戦争への道
筒井清忠編

なぜ戦前の日本は破綻への道を歩んだのか。その原因をより深く究明すべく、二十名の研究者が最新研究の成果を結集する。好評を博した昭和史講義シリーズ第二弾。

1266
### 昭和史講義3
――リーダーを通して見る戦争への道
筒井清忠編

昭和のリーダーたちの決断はなぜ戦争へと結びついたのか。近衛文麿、東条英機ら政治家・軍人のキーパーソン15名の生い立ちと行動を、最新研究によって跡づける。

1365
### 東京裁判「神話」の解体
――パル、レーリンク、ウェブ三判事の相克
D・コーエン
戸谷由麻

東京裁判は「勝者の裁き」であり、欺瞞に満ちた判決だったというのは神話に過ぎない。パル判事らの反対意見の誤謬と、判決の正当性を七十年の時を超えて検証する。